U0803455

The EBMT/EHA CAR-T Cell Handbook

EBMT/EHA CAR-T 细胞手册

[德] Nicolaus Kröger
[英] John Gribben
[法] Christian Chabannon
[法] Ibrahim Yakoub-Agha
[德] Hermann Einsele
主译　梅　恒　胡永仙
主审　胡　豫　黄　河

中国科学技术出版社
·北　京·

图书在版编目（CIP）数据

EBMT/EHA CAR-T细胞手册 /（德）尼克劳斯·克勒格等原著；梅恒，胡永仙主译. —北京：中国科学技术出版社，2025.10. -- ISBN 978-7-5236-1487-7

Ⅰ. Q813.6-62

中国国家版本馆 CIP 数据核字第 20259KT240 号

策划编辑	王久红　孙　超
责任编辑	张凤娇
装帧设计	华图文轩
责任印制	徐　飞

出　　版	中国科学技术出版社
发　　行	中国科学技术出版社有限公司
地　　址	北京市海淀区中关村南大街 16 号
邮　　编	100081
发行电话	010-62173865
传　　真	010-62179148
网　　址	http：//www.cspbooks.com.cn

开　　本	710mm×1000mm　1/16
字　　数	239 千字
印　　张	13.5
版　　次	2025 年 10 月第 1 版
印　　次	2025 年 10 月第 1 次印刷
印　　刷	北京博海升彩色印刷有限公司
书　　号	ISBN 978-7-5236-1487-7
定　　价	128.00 元

（凡购买本社图书，如有缺页、倒页、脱页者，本社销售中心负责调换）

译者名单

主　译	梅　恒　胡永仙
主　审	胡　豫　黄　河
副主译	赵翔宇　唐晓文　李　萍　曹　江
译校者	（以姓氏汉语拼音为序） 丁淑怡　都孟仪　贺鹏程　柯　莎　李春蕊 刘　辉　刘　林　刘　洋　吕永宁　涂三芳 王　黎　王　迎　颜晓菁　杨　婷　周　芬 周红升　周　辉　周可树
学术秘书	都孟仪

内容提要

本书由欧洲血液和骨髓移植学会（EBMT）与欧洲血液肿瘤学会（EHA）联合组织该领域的顶尖专家撰写，是第一部可开放获取的欧洲 CAR-T 细胞手册，内容涵盖了 CAR-T 细胞治疗的各个方面，包括科学原理、制造流程、临床应用、患者管理及获取途径等。全书共五篇 32 章，汇集了 CAR-T 细胞疗法领域的新近研究成果和临床实践案例，展现了该领域的发展前沿；具有很强的实用性，不仅介绍了 CAR-T 细胞疗法的理论基础，还详细阐述了临床实践中的各个环节，包括患者的筛选、治疗方案的选择、并发症的处理等，为临床医生提供了明确的指导；书中丰富的图表和案例分析，使内容更加直观、易懂。本书作为 EBMT 和 EHA 的官方出版物，得到了众多国际知名专家的参与和支持，其内容的科学性和可靠性得到了充分的保证，可为国内医学专业人士、研究人员及患者提供系统性的知识框架，有利于推动 CAR-T 细胞治疗在癌症治疗领域的进一步发展。

主译简介

梅恒 医学博士，二级教授、主任医师，博士研究生导师，国家杰出青年基金获得者，教育部“青年长江学者”。华中科技大学同济医学院附属协和医院血液科主任、干细胞中心主任，湖北省肿瘤疾病细胞治疗临床医学中心主任，华中科技大学血液病学研究所副所长，中华医学会血液学分会委员兼秘书长，中国研究型医院细胞研究与治疗委员会副主任委员，中国病理生理学会实验血液学专业委员会副主任委员。主持国家自然科学基金重点项目、原创项目、科技部重点研发等12项，以第一作者及通讯作者身份发表SCI论文73篇，授权发明专利16项，主编《CAR-T治疗经典病案集》《血液肿瘤精准诊疗及方案解读》，参编《邓家栋临床血液学》《血液病诊断及疗效标准》，参译《威廉姆斯血液学》，获中华医学科技奖青年科学技术奖1项、国家科学技术进步二等奖1项、省部级科学技术进步一等奖2项。

胡永仙 浙江大学求是特聘教授、主任医师，博士研究生导师，国家杰出青年基金获得者，浙江省卫生高层次创新人才。浙江大学医学院附属第一医院骨髓移植中心科副主任，中华医学会血液学分会淋巴细胞疾病学组委员，中国抗癌协会血液肿瘤专业委员会委员，中国研究型医院学会细胞研究与治疗专业委员会常务委员，中国生理学会血液生理学专业委员会移植与免疫治疗学组副组长，中国病理生理学会实验血液专业委员会委员。获浙江省科学技术进步奖一等奖（第二获奖人）2项；近5年主持国家级及省部级项目6项，以第一作者或通讯作者（含共同）身份在*New England Journal of Medicine*、*Nature*、*JAMA Oncology*、*Lancet Haematology*、*Cell Research*、*Blood*等期刊发表高水平论文50余篇。主编《CAR-T细胞免疫治疗100问》，参编《CAR-T细胞免疫治疗学》等。

副主译简介

赵翔宇　长聘教授、研究员，专业技术二级岗位，博士研究生导师，博士后合作导师，北京大学人民医院副院长。中国研究型医院学会第二届细胞研究与治疗专业委员会主任委员，北京医学会血液学分会副主任委员，中华医学会血液学分会青年委员会副主任委员。从事移植后免疫重建及细胞治疗等方面的临床、科研工作 20 余年。作为项目负责人牵头国家科技重大专项、国家自然科学基金原创探索计划项目、北京高校卓越青年科学家计划项目、北京市科技新星计划等国家及省部级基金 20 项。以第一作者或通讯作者身份在 *Leukemia*、*J Hematol Oncol*、*Cell Reports*、*Cancer Letter*、*Signal Transduct Target Ther*、*Cell Mol Immunol* 等期刊发表 SCI 论文 60 余篇；授权发明专利 8 项、转化 1 项。获国家科学技术进步二等奖 2 次，荣获华夏青年医学科技奖、中华医学青年科技奖、中华医学科学技术进步一等奖、教育部科学技术进步一等奖等多项科技奖。

唐晓文　教授、主任医师，博士研究生导师，博士后合作导师，苏州大学附属第一医院血液科行政副主任。中国医师协会血液学分会委员，中华医学会血液学分会造血干细胞移植学组副组长，*JHO*、*Annals of Hematology* 和 *BMT* 等期刊特约审稿人，《中华血液学杂志》《国际输血及血液学杂志》《中华器官移植杂志》编委。从事造血干细胞移植和细胞免疫治疗的临床和基础研究多年，1997—1999 年和 2009—2010 年先后赴法国南特大学医院中心、美国 MD. Anderson 癌症中心和美国 Fred Hutchinson 癌症研究中心学习恶性血液病诊治和造血干细胞移植技术。作为第一负责人承担国家自然基金联合专项重点项目 1 项、面上项目 3 项、国家血液系统疾病临床医学研究中心转化医学重点项目 1 项、江苏省社会发展临床前沿技术重点项目，以及其他省厅市级课题 26 项。作为主要研究者获国家科学技术进步二等奖 1 项，江苏省科学技术奖一等奖 1 项，其他省部级、厅级和市级科技进步奖和新技术引进奖 20 项。创新性开展了 16 项新技术和新疗法，作为第一发明人获得国家发明专利授权 2 项，待授权 4 项，参编专著 9 部，参与制订全国造血干细胞移植和 CAR-T 相关专家共识和指南 14 项。发表论文 150 余篇，其中在 *JCO*、*JHO* 等主流期刊上发表论文 47 篇。

李萍　日本名古屋大学医学博士，同济大学附属同济医院血液科主任医师、教授，博士研究生导师。中国抗癌协会淋巴瘤专业委员会委员，中国免疫学会血液免疫分会专业委员会委员，中国血液病专科联盟白血病免疫细胞治疗协作组副组长，中华志愿者协会中西医结合专业委员会血液专业组副组长。主要从事淋巴系统肿瘤的诊疗及 CAR-T 免疫治疗，参编多部 CAR-T 治疗相关毒性管理专家共识 / 指导原则。主持国家自然科学基金项目 3 项，参与国家级项目及上海市科学技术委员会项目多项。获上海医学科技奖一等奖。发表论文 50 余篇，其中以第一作者或通讯作者身份在 *Blood*、*Cancer Commun*、*AJH* 等期刊发表 SCI 论文 20 余篇。

曹江　博士，主任医师，教授，博士研究生导师，徐州医科大学第一临床医学院副院长，徐州医科大学附属医院教育处处长，徐州医科大学附属医院血液科白血病诊疗中心、CAR-T 治疗中心副主任。国家自然科学基金评审专家、中国研究型医院学会细胞研究与治疗专业委员会常务委员、中国抗癌协会肿瘤异质性与个体化治疗专业委员会常务委员、江苏省医学会血液学分会常务委员、江苏省研究型医院学会 CAR-T 细胞与免疫治疗委员会副主任委员，江苏省研究型医院学会白血病及 MDS 专业委员会常务委员。主要从事血液肿瘤细胞免疫治疗。主持并承担国家自然科学基金课题 3 项（其中 1 项原创探索项目）、国家重点研发计划子课题 1 项、省部级课题 6 项。先后被评为江苏省“科教强卫工程”医学重点人才、江苏省“333 工程”第二层次人才、江苏省“六大人才高峰”人才。作为主要完成人先后获教育部科学技术进步二等奖 2 项，江苏省科学技术进步一等奖、三等奖，江苏医学科技二等奖和三等奖各 1 项，江苏省医学新技术引进一等奖 4 项。发表论文 40 余篇，其中在 *Journal of Clinical Oncology*、*Science Translation Medicine*、*Lancet Haematology*、*Leukemia* 等国际权威期刊发表 SCI 论文 40 余篇。

译者前言

当今医学领域，CAR-T 细胞治疗正以其独特的魅力和巨大的潜力，引领着肿瘤治疗的革命性变革。这种创新疗法所展现出的无限可能，促使我们组织翻译这部 *The EBMT/EHA CAR-T Cell Handbook*。

欧洲血液和骨髓移植学会（EBMT）与欧洲血液肿瘤学会（EHA）在细胞免疫治疗方面具有丰富经验，组织发表过许多重要共识及指南，这部手册不仅涵盖了 CAR-T 细胞疗法的最新科学发展，还提供了极具实用性的医学实践信息，对我国医务工作者及相关从业人员来说，无疑是一份极具价值的学习资料。我们希望通过翻译本书，能够为国内细胞治疗行业打开一扇通往国际前沿的大门，让更多的专业人士受益。

《EBMT/EHA CAR-T细胞手册》具有诸多特色。首先，它具有很强的时效性。书中汇集了 CAR-T 细胞疗法领域的最新研究成果和临床实践案例，反映了该领域的发展前沿。其次，它具有很强的实用性。书中不仅介绍了 CAR-T 细胞治疗的理论基础，还详细阐述了临床实践中的各个环节，包括患者的筛选、治疗方案的选择、并发症的处理等，为临床医生提供了明确的指导。书中包含了丰富的图表和案例分析，使内容更加直观易懂。最后，它具有很强的权威性。作为 EBMT 和 EHA 的官方出版物，本书得到了众多国际知名专家的参与和支持，其内容的科学性和可靠性得到了充分保证。本书的翻译出版将为国内的医务工作者提供一份实用的临床实践手册，帮助他们更好地掌握 CAR-T 细胞治疗技术，提高临床治疗水平；同时，还将促进国内与国际在 CAR-T 细胞治疗领域的交流与合作，推动我国在该领域的科研和临床水平的提升；并为相关专业的学生和研究人员提供一个学习和研究的平台，激发他们的创新思维和研究热情。

在组织翻译过程中，我们遇到了诸多学术困难。CAR-T 细胞治疗是一个高度专业化的领域，涉及复杂的免疫学、分子生物学、临床医学等多个学科的知识。书中充满了大量的专业术语和前沿研究成果，这对翻译的准确性和专业性提出了极高的要求。为了确保翻译质量，我们组建了一支由多学科专家组成的翻译团队，多次召开学术研讨会，对每一个术语、每一个概念进行反复推敲和讨论。同时，我们还邀请了国内外知名专家进行审校，确保翻译内容的准确性和权威性。此外，我们还充分利用各种学术资源，查阅大量的文献资料，以加深对书中内容的理解。

在此，我们要感谢翻译团队的各位专家，他们以严谨的学术态度和精湛的专业技能，高效完成了艰巨的翻译任务。感谢审校专家们的悉心指导，他们的宝贵意见使本书更加完善。感谢中国科学技术出版社，他们的尽心配合为本书的出版提供了有力的支持。感谢所有支持和关心本书出版工作的朋友们，你们的关注和鼓励是我们不断前行的动力，希望本书能够推动CAR-T细胞治疗技术在我国的广泛应用和发展，为我国的医学事业做出一份贡献。

华中科技大学同济医学院附属协和医院血液科主任
国家自然科学基金委员会首届“临床杰青”
梅恒 教授

浙江大学医学院附属第一医院骨髓移植中心科副主任
国家自然科学基金委员会首届“临床杰青”
胡永仙 教授

中文版序

CAR-T细胞治疗技术的崛起，是当代医学创新与多学科融合的杰出成果。从实验室的理论探索到临床一线的实践应用，每一步都离不开科学家与临床医生的不懈努力。欧洲血液和骨髓移植学会（EBMT）与欧洲血液肿瘤学会（EHA）凭借在该领域的深厚积累，编撰了这部极具价值的手册。该手册汇集了国际CAR-T细胞治疗领域的前沿成果与实践经验。中文版的问世，不仅为我们提供了一部极具价值的参考资料，更是将国际经验与中国本土实践相结合的有益尝试。

该手册不仅系统构建了CAR-T细胞治疗的分子生物学基础与临床转化知识体系，更从患者分层、治疗时机选择、细胞制备质量控制到并发症管理，形成全流程临床决策路径；通过可视化流程图解与系统性归纳整理的多维度视角，实现了复杂治疗策略的具象化呈现，为临床实践提供了标准化操作框架。本次中文译本由华中科技大学附属协和医院和浙江大学附属第一医院牵头，汇集了血液学、肿瘤学、免疫学、药学、护理等专家团队，这些译者们不仅在各自实践中积累了丰富经验，而且对CAR-T细胞治疗技术有着深刻的理解，他们在翻译过程中，不仅保留了原书的原汁原味，更结合我国的实际情况，对部分内容进行了适当的调整和补充，使其更适合我国国情。他们以严谨的学术态度，对每一个术语、每一个概念进行了反复推敲和讨论，确保了翻译内容的准确性和权威性。同时，他们还邀请了国内外的知名专家审阅指导，进一步保证了翻译质量。

这部中文版的正式出版，标志着我国肿瘤细胞免疫治疗迈入精准全程化管理阶段。期待该手册能对临床一线医护和实验室工作人员有所助益，同时还可用于细胞治疗相关生产、质量控制等全链条人才培养。随着我国细胞治疗体系的不断完善和人才储备的持续壮大，必将推动我国医疗技术革新，造福更多患者。

华中科技大学同济医学院附属协和医院血液病学研究所所长
中华医学会血液学分会主任委员　胡豫　教授

浙江大学血液学研究所所长
中华医学会血液学分会副主任委员　黄河　教授

目　录

第一篇　CAR-T 细胞背后的科学

第 1 章　CAR 的结构与信号传导 ……002

第 2 章　自体或异体免疫效应细胞的基因工程……005

第 3 章　理想的肿瘤抗原……009

第 4 章　CAR-T 细胞治疗中的肿瘤逃逸……012

第 5 章　欧洲的 CAR-T 计划……020

第二篇　制造 CAR-T 细胞的供应链

第 6 章　给制造商提供用于已批准和上市的自体 CAR-T 细胞治疗的起始材料 ··032

第 7 章　接收、处理、存储、解冻、分发和管理从制造设施运送的 CAR-T 细胞 ……036

第 8 章　CAR-T 细胞的临床生产……042

第 9 章　现货型异体 CAR-T 细胞或其他免疫效应细胞……047

第三篇　CAR-T 细胞的临床适应证

第 10 章　儿童急性淋巴细胞白血病……052

第 11 章　成人急性淋巴细胞白血病……055

第 12 章　弥漫性大 B 细胞淋巴瘤和原发性纵隔淋巴瘤 ……061

第 13 章　套细胞淋巴瘤……070

第 14 章　慢性淋巴细胞白血病……073

第 15 章　惰性淋巴瘤……077

第 16 章　多发性骨髓瘤……081

第 17 章　其他淋巴系统恶性肿瘤……084

第 18 章　髓系恶性肿瘤……089

第 19 章　CAR-T 细胞治疗实体肿瘤的进展……097

第四篇　CAR-T 细胞治疗患者的临床管理

第 20 章　桥接化疗：成人急性淋巴细胞白血病……102

第 21 章　在急性淋巴细胞白血病的儿童、青少年和年轻成年人中，CAR-T 细胞治疗的桥接策略……105

第 22 章　桥接化疗：复发 / 难治性侵袭性 B 细胞淋巴瘤……108

第 23 章　桥接化疗：滤泡性淋巴瘤、套细胞淋巴瘤和慢性淋巴细胞白血病……112

第 24 章　桥接化疗：多发性骨髓瘤……114

第 25 章　淋巴清除性预处理方案……116

第 26 章　细胞因子释放综合征和噬血细胞性淋巴细胞增多综合征的管理……118

第 27 章　免疫效应细胞相关神经毒性综合征的管理……123

第 28 章　低丙种球蛋白血症与 B 细胞发育不全的管理……129

第 29 章　骨髓毒性（再生障碍）和感染并发症的管理……132

第 30 章　其他毒性的管理……138

第 31 章　ICU……143

第 32 章　CAR-T 细胞治疗后急性淋巴细胞白血病的管理：巩固和复发……146

第 33 章　CAR-T 细胞治疗后淋巴瘤的管理：巩固与复发……150

第 34 章　CAR-T 细胞治疗后多发性骨髓瘤的管理：巩固与复发……153

第 35 章　免疫监测……157

第 36 章　长期随访和晚期效应……162

第五篇　CAR-T 细胞的获取

第 37 章　欧洲 CAR-T 细胞的监管框架：现状与可预见的变化及主管当局和制造商对中心的资格认定……168
第 38 章　认证机构（如 JACIE 或 FACT）如何帮助中心获得资质……175
第 39 章　针对医生的教育需求……177
第 40 章　成人和儿童病房护理人员的教育需求……180
第 41 章　药师在 CAR-T 细胞疗法中的角色……186
第 42 章　细胞处理设施人员的教育需求……189
第 43 章　GoCART……191
第 44 章　患者转诊……194
第 45 章　治疗覆盖和报销……196
第 46 章　CAR-T 细胞治疗在癌症中的价值……198
第 47 章　患者想要什么：患者报告结果的重要性……202

第一篇

CAR-T 细胞背后的科学

The Science Behind CAR-T Cells

第 1 章　CAR 的结构与信号传导

Structure of and Signalling Through Chimeric Antigen Receptor

梅　恒　**译**　　胡永仙　**审**

嵌合抗原受体（chimeric antigen receptor，CAR）是一种合成的跨膜蛋白，表达在经过体外或体内重编程的免疫效应细胞（immune effector cell，IEC）表面（June 等，2018；June 和 Sadelain，2018）。自体或异体 IEC 的基因工程技术将在第 2 章中进行描述。合成的 CAR 包含多个功能域。其胞外域由免疫球蛋白的单链可变片段（single-chain variable fragment，scFv）组成，能够识别“肿瘤”抗原。所选肿瘤抗原的临床相关性（旨在尽量减少“靶向 / 非肿瘤”不良反应）将在第 3 章中讨论。目前，双特异性和三特异性 CAR 正在临床前和早期临床试验中进行评估（Bielamowicz 等，2018；Shah 等，2020）。使用免疫球蛋白域作为目标抗原的配体意味着识别不受限于人类白细胞抗原（human leukocyte antigen，HLA），因此与 T 细胞受体（T cell receptor，TCR）转基因 T 细胞相比，嵌合抗原受体 T 细胞（chimeric antigen receptor T-cell，CAR-T）具有更广泛的适用性，因为 TCR 转基因 T 细胞只能识别在特定主要组织相容性复合体（major histocompatibility complex，MHC）背景下呈递的抗原肽，这限制了其在具有特定 HLA 分型的患者子集中的临床应用。

CAR 胞内域由 TCR 的 CD3 成分 ζ 链的胞内域组成，当 CAR 与目标配体结合时，该域会触发信号传导。跨膜区域通过细胞膜连接胞外域和胞内域，对确定 CAR 的构象和灵活性及其高效结合目标抗原 / 表位的能力起着重要作用。最初的文章描述了仅由这三个功能域组成的第一代 CAR（Kuwana 等，1987；Eshhar 等，1993）。然而，T 细胞的完全激活需要增加来自共刺激分子的一个（第二代 CAR）或两个（第三代 CAR）功能域，如 CD28、4-1BB/CD137

或 OX40/CD134，这些域为 T 细胞提供共刺激信号。目前批准的 CAR-T 细胞是第二代 CAR-T 细胞。例如，Tisagenlecleucel 中的 CAR 包含一个 4-1BB 域，而 Axicabtagene ciloleucel 中的 CAR 包含一个 CD28 域。共刺激域的性质影响 CAR-T 细胞在注入患者体内后扩增或持续存在的能力（限制 T 细胞耗竭），由于缺乏获批产品之间的直接对比，尚不清楚其如何在临床上转化并影响疾病控制、不良事件的发生和总生存。

第四代 CAR-T 细胞已经被开发用于临床前项目。这些细胞被称为装甲 CAR 细胞或用于普遍细胞因子介导杀伤的重定向 T 细胞（T cell retargeted using cytokine-guided cytotoxicity，TRUCK），它们不仅编码一个 CAR（通常具有一个共刺激域，如在第二代 CAR 中），还编码细胞因子、白细胞介素、促炎配体或趋化因子，这些成分能够抵抗在大多数实体肿瘤中占主导地位的免疫抑制微环境（Eshhar 等，1993；Chmielewski 和 Abken，2015）。

当 CAR 与其配体结合时，信号传导涉及几种自然发生的 TCR 成分。这些成分包括淋巴细胞特异性蛋白酪氨酸激酶（lymphocyte-specific protein tyrosine kinase，LCK）等分子。信号级联中的一些成分可以通过现有药物进行操作，这为体内 CAR 活性的药理学调节提供了机会，包括使用酪氨酸激酶抑制药（Mestermann 等，2019；Weber 等，2019），这为 CAR 结构中无须加入自杀基因提供了一个有吸引力的替代方案（Casucci 等，2013；Gargett和 Brown，2014；Sakemura 等，2016）。合成生物学应用于 CAR-T 细胞领域，促使组合抗原识别构建体的工程化。使用“或”门策略（即 CD19 和 CD22）可以在识别到至少 2 个目标抗原中的 1 个时激活 CAR-T 细胞，从而降低癌症免疫逃逸的风险。“或”和“非”门策略旨在改善 CAR-T 细胞的安全性，因为 CAR-T 细胞可以根据两种抗原的表达模式区分肿瘤细胞和健康细胞（Weber 等，2020）。

关键点

- CAR 是一种由 DNA 序列编码的合成跨膜分子，结合了免疫球蛋白的结构域、TCR 的一条链，以及通常涉及 T 细胞激活的共刺激分子的结构域。
- 目前，获批并上市的 CAR-T 细胞是第二代 CAR-T 细胞，包含一个共刺激域。
- 细胞信号传导机制中包含可操作的成分，因此提供了在体内调节 CAR-T 细胞活性和减轻不良事件的机会。

参考文献

[1] Bielamowicz K, Fousek K, Byrd TT, Samaha H, Mukherjee M, Aware N, et al. Trivalent CAR-T cells overcome interpatient antigenic variability in glioblastoma. Neuro-Oncology. 2018;20(4):506-18.

[2] Casucci M, Nicolis di Robilant B, Falcone L, Camisa B, Norelli M, Genovese P, et al. CD44v6-targeted T cells mediate potent antitumor effects against acute myeloid leukemia and multiple myeloma. Blood. 2013;122(20):3461-72.

[3] Chmielewski M, Abken H. TRUCKs: the fourth generation of CARs. Expert Opin Biol Ther. 2015;15(8):1145-54.

[4] Eshhar Z, Waks T, Gross G, Schindler DG. Specific activation and targeting of cytotoxic lymphocytes through chimeric single chains consisting of antibody-binding domains and the gamma or zeta subunits of the immunoglobulin and T-cell receptors. Proc Natl Acad Sci U S A. 1993;90(2):720-4.

[5] Gargett T, Brown MP. The inducible caspase-9 suicide gene system as a "safety switch" to limit on-target, off-tumor toxicities of chimeric antigen receptor T cells. Front Pharmacol. 2014;5:235.

[6] June CH, Sadelain M. Chimeric antigen receptor therapy. N Engl J Med. 2018;379(1):64-73.

[7] June CH, O'Connor RS, Kawalekar OU, Ghassemi S, Milone MC. CAR-T cell immunotherapy for human cancer. Science. 2018;359(6382):1361-5.

[8] Kuwana Y, Asakura Y, Utsunomiya N, Nakanishi M, Arata Y, Itoh S, et al. Expression of chimeric receptor composed of immunoglobulin-derived V regions and T-cell receptor-derived C regions. Biochem Biophys Res Commun. 1987;149(3):960-8.

[9] Mestermann K, Giavridis T, Weber J, Rydzek J, Frenz S, Nerreter T, et al. The tyrosine kinase inhibitor dasatinib acts as a pharmacologic on/off switch for CAR-T cells. Sci Transl Med. 2019;11(499):eaau5907.

[10] Sakemura R, Terakura S, Watanabe K, Julamanee J, Takagi E, Miyao K, et al. A Tet-On inducible system for controlling CD19-chimeric antigen receptor expression upon drug administration. Cancer Immunol Res. 2016;4(8):658-68.

[11] Shah NN, Johnson BD, Schneider D, Zhu F, Szabo A, Keever-Taylor CA, et al. Bispecific anti-CD20, anti-CD19 CAR-T cells for relapsed B cell malignancies: a phase 1 dose escalation and expansion trial. Nat Med. 2020;26(10):1569-75.

[12] Weber EW, Lynn RC, Sotillo E, Lattin J, Xu P, Mackall CL. Pharmacologic control of CAR-T cell function using dasatinib. Blood Adv. 2019;3(5):711-7.

[13] Weber EW, Maus MV, Mackall CL. The emerging landscape of immune cell therapies. Cell. 2020;181(1):46-62.

第2章 自体或异体免疫效应细胞的基因工程

Genetic Engineering of Autologous or Allogeneic Immune Effector Cells

梅 恒 **译** 胡永仙 **审**

用 CAR 编码脱氧核糖核酸（deoxyribonucleic acid，DNA）序列制造免疫效应细胞（T 细胞或 NK 细胞）需要高效且安全的基因工程程序。为此，适当的基因载体是根据多个因素选择的，包括载体基因组包装能力、细胞嗜性、基因组整合、免疫毒性等。在临床试验中，基因组整合的病毒载体，特别是基于逆转录病毒家族成员（如逆转录病毒和慢病毒）的载体，已经成功使用了超过 20 年。这些载体包含一个核糖核酸（ribonucleic acid，RNA）基因组，当它被逆转录酶转录为双链 DNA 后，会整合到转染细胞的基因组中。

为了确保此类整合载体的安全使用，采取了若干预防措施。首先，将病毒基因组分成三个不同的表达构建体，以减少重组事件重新建立复制型病毒的风险。其次，删除了长末端重复序列（long terminal repeat，LTR）及其增强子 / 启动子序列，形成自我灭活（self-Inactivating，SIN）载体，以避免病毒整合位点附近细胞基因的反式激活。最后，病毒包膜通过异源糖蛋白伪型化，如长臂猿白血病病毒（gibbon ape leukemia virus，GALV）或水疱性口炎病毒（vesicular stomatitis virus，VSV）-G 蛋白，以限制细胞的转染嗜性。病毒载体经历了多代改造，并根据其包装质粒进行分类。在制造过程中，使用了包括阳离子聚合物、脂类和肽在内的转染增强剂，如 Retronectin 或 Vectofusin-1（这是一种富含组氨酸的阳离子两性短肽）（Jamali 等，2019），以提高转染效率。

用骨髓增生性肉瘤病毒的 LTR 和改进的 5' 非翻译区修饰的逆转录病毒载

体，称为 MP71 逆转录病毒载体，可以在人 T 细胞中实现高转染效率。虽然逆转录病毒载体需要活跃分裂的细胞进行整合，但慢病毒载体具有转染非分裂或缓慢增殖细胞的能力，当前越来越多地用于临床试验中的 T 细胞基因改造。循环中的 T 细胞可以有效完成病毒载体的逆转录过程，促进核进入并增强转基因表达。在临床规模上生产 CAR-T 细胞并在转染后保持 T 细胞表型和功能特性的过程中，获得高病毒滴度和足够的转染频率仍然是一个挑战。尽管载体整合到宿主基因组中，T 细胞的转化风险可以忽略不计。到目前为止，基于 T 细胞的疗法中尚未观察到白血病。

或者，可以使用带有 VSV-G 伪型的人工病毒样颗粒（virus-like particles，VLP）转移到造血细胞中（Mangeot 等，2019）。通过电穿孔将打包在转座子载体（如睡美人和 piggyBac）中的 DNA 转移到 T 细胞中（Kebriaei 等，2016）。基于转座子的基因工程不需要耗时且成本高昂的病毒生产，正越来越多地被考虑用于 CAR-T 细胞的临床制造。

与整合 DNA 转移技术相反，通过电穿孔或阳离子脂质介导的转染的 mRNA 转移产生的 T 细胞在几天内具有短暂的 CAR 表达（Miliotou 和 Papadopoulou，2020）。这种短暂的 CAR-T 细胞方法已经被研究并发现其在有限时间内产生抗肿瘤反应，以避免患者出现任何不良效果。然而，使用 RNA 修饰的 CAR-T 细胞的临床试验非常少。

基因编辑是一个正在兴起的工具，使用特定的内切核酸酶来工程化 CAR-T 细胞，包括巨型核酸酶（meganucleases，MGN）、转录激活因子样效应核酸酶（transcription activator-like effector nucleases，TALEN）、megaTAL 核酸酶、锌指核酸酶（zinc finger nuclease，ZFN）及最近的成簇规律间隔短回文重复（clustered regularly interspaced short palindromic repeats，CRISPR）-Cas9 相关核酸酶（Pavlovic 等，2020）。这些技术允许在预定位置（如内源性基因位点）插入特定 DNA 序列。虽然多年来已在造血或间充质干细胞改造中得到有效应用，但基因编辑在原代 T 细胞中的应用仅最近才成功实现，针对高效 CAR-T 细胞工程。潜在的临床应用实例包括靶向程序性细胞死亡 -1（programmed cell death protein-1，PD1）（CD279）、TCRα 和 β 链、CD52、HLA 和 β_2- 微球蛋白（beta-2 microglobulin，β_2M）的相应基因。

基因编辑的一个主要应用是创建“现成”的异体 CAR-T 细胞，以避免与自体 T 细胞相关的某些限制，如个性化生产过程、制造所需的时间及制造失败的风险。这些异体 CAR-T 细胞通过基因删除 T 细胞表面的 TCRα 常量区（TCRα constant region，TRAC）和（或）HLA 来减少移植物抗宿主病（graft-versus-host disease，GVHD）和移植物排斥的风险。特别是，Torikai 等结合了睡美人转座子基因转移与 ZFN 介导的 TCRα 和 β 链删除（Torikai 等，2012）；后续方法也消除了内源性 TCR（Roth 等，2018；Legut 等，2018；Osborn 等，2016）。在概念验证研究中，使用 TALEN 介导的 TRAC/CD52 敲除的 CD19 特异性 CAR-T 细胞（UCART19）被给药给两名复发性 ALL 患者，并且没有报道 GVHD（Qasim 等，2017）。使用 ZFN 和 CRISPR/Cas9 的多种方法，包括碱基编辑变体，用于通过靶向 β_2M 消除 HLA Ⅰ类表达（Webber 等，2019）并消除 HLA Ⅱ类转活化因子 CIITA（Kagoya 等，2020），所有这些都降低了异体 CAR-T 细胞排斥的风险。为了减少 GVHD 和同种杀伤，CD7 位点被破坏并与 TCRα 编辑一起进行（Gomes-Silva 等，2017）。通过消除 TGF-β 受体或 PD-1 的基因，增强了 CAR-T 细胞的抗肿瘤效力，减少了肿瘤基质的抑制作用（Tang 等，2020）。

基因编辑还被用于将 CAR 编码的 DNA 序列插入 TCRα 位点（Eyquem 等，2017），从而利用 TCR 表达机制实现适当调控的 CAR 表达。同样，CAR 编码的 DNA 被插入 TCRα 位点，而编码 IL-12 的 DNA 被插入 IL-2Rα 或 PDCD1 位点，导致 CAR 重定向的 T 细胞激活并伴有 IL-12 的分泌（Sachdeva 等，2019）。这种基因编辑方法可用于靶向其他信号通路，以高度调控的方式工程化 CAR-T 细胞，产生治疗性输出。目前，这些编辑技术大多在小鼠模型或非常有限的患者中进行探索，因此很难对其长期安全性和有效性得出明确结论。

关键点

- 慢病毒基因转移是最常用于临床 CAR-T 细胞工程的程序。
- 非病毒转座子介导的 DNA 转移是一种新兴技术，用于获取 CAR-T 细胞。
- 异体“现成”CAR-T 细胞通过基因工程消除 T 细胞表面的 TRAC 和（或）HLA，从而降低移植物抗宿主病和移植物排斥的风险。

参考文献

[1] Eyquem J, Mansilla-Soto J, Giavridis T, et al. Targeting a CAR-T o the TRAC locus with CRISPR/Cas9 enhances tumour rejection. Nature. 2017;543:113-7.

[2] Gomes-Silva D, Srinivasan M, Sharma S, et al. CD7-edited T cells expressing a CD7-specific CAR for the therapy of T-cell malignancies. Blood. 2017;130:285-96.

[3] Jamali A, Kapitza L, Schaser T, et al. Highly efficient and selective CAR-gene transfer using CD4-and CD8-targeted lentiviral vectors. Mol Ther Methods Clin Dev. 2019;13:371-9.

[4] Kagoya Y, Guo T, Yeung B, et al. Genetic ablation of HLA class I, class II, and the T-cell receptor enables allogeneic T cells to be used for adoptive T-cell therapy. Cancer Immunol Res. 2020;8:926-36.

[5] Kebriaei P, Singh H, Huls MH, et al. Phase I trials using sleeping beauty to generate CD19-specific CAR-T cells. J Clin Invest. 2016;126:3363-76.

[6] Legut M, Dolton G, Mian AA, et al. CRISPR-mediated TCR replacement generates superior anticancer transgenic T cells. Blood. 2018;131:311-22.

[7] Mangeot PE, Risson V, Fusil F, et al. Genome editing in primary cells and in vivo using viral-derived nanoblades loaded with Cas9-sgRNA ribonucleoproteins. Nat Commun. 2019;10:45.

[8] Miliotou AN, Papadopoulou LC. In vitro-transcribed (IVT)-mRNA CAR-T therapy development. Methods Mol Biol. 2020;2086:87-117.

[9] Osborn MJ, Webber BR, Knipping F, et al. Evaluation of TCR gene editing achieved by TALENs, CRISPR/Cas9, and megaTAL nucleases. Mol Ther. 2016;24:570-81.

[10] Pavlovic K, Tristán-Manzano M, Maldonado-Pérez N, et al. Using gene editing approaches to fine-tune the immune system. Front Immunol. 2020;11:570672.

[11] Qasim W, Zhan H, Samarasinghe S, et al. Molecular remission of infant B-ALL after infusion of universal TALEN gene-edited CAR-T cells. Sci Transl Med. 2017;9:eaaj2013.

[12] Roth TL, Puig-Saus C, Yu R, et al. Reprogramming human T cell function and specificity with non-viral genome targeting. Nature. 2018;559:405-9.

[13] Sachdeva M, Busser BW, Temburni S, et al. Repurposing endogenous immune pathways to tailor and control chimeric antigen receptor T cell functionality. Nat Commun. 2019;10:5100.

[14] Tang N, Cheng C, Zhang X, et al. TGF-beta inhibition via CRISPR promotes the long-term efficacy of CAR-T cells against solid tumors. JCI Insight. 2020;5:e133977.

[15] Torikai H, Reik A, Liu PQ, et al. A foundation for universal T-cell based immunotherapy: T cells engineered to express a CD19-specific chimeric-antigen-receptor and eliminate expression of endogenous TCR. Blood. 2012;119:5697-705.

[16] Webber BR, Lonetree CL, Kluesner MG, et al. Highly efficient multiplex human T cell engineering without double-strand breaks using Cas9 base editors. Nat Commun. 2019;10:5222.

第 3 章　理想的肿瘤抗原

What Defines a Good Tumour Antigen?

胡永仙　**译**　　梅　恒　**审**

与标准的抗肿瘤疗法（如化疗、小分子抑制药和放疗）相比，T 细胞免疫疗法具有高度特异性和持久反应性的优势，这些特点通常与细胞疗法相关。T 细胞的功能特异性由其抗原识别受体和目标抗原决定（Bjorkman 等，1987；Garcia 等，1996）。

目前临床实践中使用的大多数 CAR-T 细胞并不识别肿瘤特异性靶抗原，而是识别泛 B 细胞抗原（CD19、CD20、CD22）或成熟抗原（如 BCMA），这些都是在恶性和正常细胞表面大量表达的分子（Sadelain 等，2017；June 和 Sadelain，2018）。事实上，这些抗原被认为是“理想”或“良好”的肿瘤抗原，因为正常 B 细胞清除通常是可以耐受的。与内源性 TCR 不同，内源性 TCR 受到 HLA 限制，并识别目标细胞表面上的肽 –MHC 复合物，而 CAR 识别的是细胞外膜结合靶点，这些通常是非多态性蛋白或糖蛋白。相比 TCR 介导的识别，CAR-T 细胞疗法的优势在于它们不受患者 HLA 分型的限制。

对于 CAR-T 细胞识别而言，什么是“理想”的肿瘤抗原？

1. 胞外表达（即在细胞表面表达且易于接近）。

2. 在所有恶性细胞上均匀或一致表达。

3. 不易受表达下调或缺失的影响（即没有逃逸变异）。这种情况仅在抗原作为维持恶性细胞群体所必需的分子时发生。

4. 应在恶性干细胞上表达。

5. 不应在正常组织细胞上表达，至少不应在非必需的正常组织中表达（即肿瘤特异性）。

一、肿瘤特异性抗原

肿瘤特异性抗原（tumour-specific antigens，TSA）具有高度特异性，通常源于恶性细胞内的基因突变，这些突变产生了在未转化（非恶性）细胞中不存在的新抗原（Schumacher 和 Schreiber，2015；Schumacher 等，2019）。根据定义，这些抗原在正常细胞中不表达，因此“在靶脱肿瘤”毒性的可能性较低。然而，由于细胞因子释放综合征（cytokine release syndrome，CRS）或受体交叉反应，可能会发生“在靶脱肿瘤”毒性和“脱靶脱肿瘤”毒性。不幸的是，目前尚未发现非多态性的肿瘤特异性胞外靶抗原。唯一高度特异性的胞外肿瘤靶抗原是呈现在（多态性）HLA 分子背景下的新肽。

二、多个肿瘤抗原导致的“肿瘤特异性表型”

最近的研究表明，同时靶向两个或多个目标抗原可能提高肿瘤特异性并降低抗原逃逸的风险（Shah 等，2020；Dai 等，2020）。在这种情况下，一个目标抗原可能是谱系特异性的但不是肿瘤特异性的，但这种组合目标抗原可能是肿瘤特异性的。为了使 CAR-T 细胞完全激活，靶细胞必须同时表达这两个靶抗原（即组合抗原表达）。这种方法不太可能降低 CRS 的风险，同时很难预测“在靶脱肿瘤”毒性的风险，这将取决于 CAR-T 细胞分辨组合或单一抗原表达细胞的能力。在这种情况下，单一抗原可能存在“脱靶脱肿瘤”毒性的潜在风险（即在正常细胞中表达单一抗原或在正常细胞中出现异常抗原表达）。

三、谱系特异性和分化抗原

CAR-T 细胞治疗靶点包括 CD19、CD20、CD22 和 BCMA 等，它们是 B 细胞相关抗原。在与非冗余或可暂时替代的细胞系和（或）组织相关的肿瘤中，如 B 细胞系、浆细胞、甲状腺细胞、前列腺细胞和卵巢细胞，谱系特异性抗原可以作为最佳靶点。在这些情况下，其功能可经二次治疗得以恢复。例如，CD19 CAR-T 细胞治疗后的严重 B 细胞淋巴细胞减少可能导致低丙种球蛋白血症和疫苗反应缺失或受损，需要长期的免疫球蛋白替代治疗。最近针对治疗急性髓系白血病（acute myeloid leukaemia，AML）和其他髓系恶性肿瘤的 CAR-T 细胞开发，主要集中在靶向谱系特异性及分化抗原（如 CD33 和 CD123），但这种方法存在严重血细胞减少或骨髓衰竭的并发症风险。后续需要桥接造血干细胞移植（Gill 等，2014）。最近的临床前研究试图引入安全开关机制来精准调控 CAR-T 细胞的反应（Loff 等，2020）。在谱系特异性抗原存在的情况下，“在靶脱肿瘤”毒性很常见，导致特定细胞系或在异常抗原表达的其他细胞被清除。CRS 可能很常见，部分原因是这些抗原在正常细胞和恶性细胞中均广泛表达。

四、谱系特异性多态 / 异质抗原

这些靶抗原与谱系特异性抗原相似，优势在于其固有的异质性或抗原表达，CAR-T 细胞治疗仅消除其中一部分，如靶向免疫球蛋白亚类或与免疫球蛋白受体相关的 κ 轻链与 λ 轻链。

关键点

- 大多数 CAR-T 细胞及所有目前获批的 CAR-T 产品均为靶向谱系特异性抗原。
- 这会导致同样表达这些抗原的非恶性细胞（如正常 B 细胞）被消除。
- 对于商品化 CAR-T 产品，这些不良反应是可控的，但在其他正在研究的新靶点中，这些不良反应可能会更少。

参考文献

[1] Bjorkman PJ, Saper MA, Samraoui B, et al. Structure of the human class I histocompatibility antigen, HLA-A2. Nature. 1987;329(6139):506-12.
[2] Dai H, Wu Z, Jia H, et al. Bispecific CAR-T cells targeting both CD19 and CD22 for therapy of adults with relapsed or refractory B cell acute lymphoblastic leukemia. J Hematol Oncol. 2020;13(1):30.
[3] Garcia KC, Degano M, Stanfield RL, et al. An alphabeta T cell receptor structure at 2.5 A and its orientation in the TCR-MHC complex. Science. 1996;274(5285):209-19.
[4] Gill S, Tasian SK, Ruella M, et al. Preclinical targeting of human acute myeloid leukemia and myeloablation using chimeric antigen receptor-modified T cells. Blood. 2014;123:2343-54.
[5] June CH, Sadelain M. Chimeric antigen receptor therapy. N Engl J Med. 2018;379:64-73.
[6] Loff S, Dietrich J, Meyer JE, et al. Rapidly switchable universal CAR-T cells for treatment of CD123-positive leukemia. Mol Ther Oncolytics. 2020;17:408-20.
[7] Sadelain M, Rivière I, Riddell S. Therapeutic T cell engineering. Nature. 2017;545:423-31.
[8] Schumacher TN, Schreiber RD. Neoantigens in cancer immunotherapy. Science. 2015;348:69-74.
[9] Schumacher TN, Scheper W, Kvistborg P. Annu Rev Immunol. 2019;37:172-200.
[10] Shah NN, Johnson BD, Schneider D, et al. Bispecific anti-CD20, anti-CD19 CAR-T cells for relapsed B cell malignancies: a phase 1 dose escalation and expansion trial. Nat Med. 2020;26(10):1569-75.

第 4 章　CAR-T 细胞治疗中的肿瘤逃逸

Tumour Escape from CAR-T Cells

胡永仙　**译**　　梅　恒　**审**

在过去十年中，CAR-T 细胞已经成为治疗恶性血液肿瘤最有效的细胞免疫疗法之一。然而，与其他免疫治疗类似，肿瘤细胞会逃逸 CAR-T 细胞杀伤，这通常发生在高度免疫抑制和保护性的肿瘤微环境中。迄今为止，抗原丢失、免疫功能失调、细胞耗竭及（由微环境介导的）抗凋亡途径的上调已被确定为肿瘤逃逸 CAR-T 细胞治疗的主要方式。本章将重点介绍当前我们对 CAR-T 细胞治疗中发生的肿瘤逃逸的相关见解。

一、与抗原丢失相关的免疫逃逸和 CAR-T 细胞治疗抵抗

抗原丢失是肿瘤细胞对靶向免疫治疗的适应性改变。在使用 IgG 抗体治疗淋巴瘤和骨髓瘤中，抗原下调或低表达是一种普遍现象（Plesner 等，2020；Jilani 等，2003），而完全性靶点丢失通常发生在 T 细胞相关治疗后，如 CAR-T 细胞或 T 细胞接合（T cell engaging，TCE）双特异性抗体，而在抗体 – 药物偶联物（antibody-drug conjugates，ADC）治疗后则很少见。

在接受不同 CAR19 产品治疗的 B 细胞急性淋巴细胞白血病（B cell acute lymphoblastic leukaemia，B-ALL）患者中，高达 40% 的患者观察到 CD19 抗原丢失（Orlando 等，2018）。据报道，CD19 点突变可导致 CD19 蛋白在细胞膜上的非功能性锚定，进而引起表面抗原的丢失（Orlando 等，2018）。另外两项研究发现了有害突变和替代剪接的 CD19 mRNA 变体（Asnani 等，2020；Sotillo 等，2015）。在混合系白血病（mixed lineage leukaemia，MLL）基因

重排的 B-ALL 患者中，一些患者在接受 CD19 CAR-T 细胞治疗后复发，白血病细胞转变为克隆相关的急性髓系白血病，表现为 CD19 阴性的髓系表型，这是另一种耐药机制（Gardner 等，2016）。在弥漫性大 B 细胞淋巴瘤（diffuse large B-cell lymphoma，DLBCL）患者中，接受 CAR19 阿基仑赛注射液（Axicabtagene ciloleucel，Axi-cel）治疗后，CD19 靶点丢失的发生率为 33%（Neelapu 等，2017；Neelapu 等，2019），并且发现了选择性剪接的 CD19 mRNA。在使用 CD20×CD3 双特异性 TCE 治疗的滤泡性淋巴瘤和 DLBCL 中，观察到了 CD20 丢失相关性复发，但其发生率尚未报道（Bannerji 等，2018）。此外，据报道，一例 B-ALL 儿童患者在接受抗体－药物偶联物奥加伊妥珠单抗（Inotuzumab-ozogamicin）治疗后，出现了 CD22 丢失（Paul 等，2019）。总而言之，抗原丢失是靶向 CD19、CD20 和 CD22 的新型免疫疗法耐药的关键机制。在接受 BCMA CAR-T 细胞治疗的骨髓瘤患者中，部分患者发生了 BCMA 表达的下调，但随后该抗原在几乎所有患者的表达强度均恢复到了基线水平（Cohen 等，2019）。然而，三项病例报道揭示了在接受 BCMA CAR-T 细胞治疗后，患者出现不可逆的 BCMA 丢失（Da Via 等，2021；Samur 等，2020；Leblay 等，2020）。其中两例的纯合 *BCMA* 基因缺失被认为是抗原丢失的生物学基础，研究者发现另一例是由于杂合性 BCMA 缺失和 *BCMA* 基因突变造成的抗原丢失。总之，双等位基因事件是 BCMA CAR-T 细胞治疗后抗原丢失的分子机制之一。然而，这类事件较为罕见。在 KarMMa 试验中，只有 4% 的患者复发时没有可溶性 BCMA 的升高，可溶性 BCMA 被认为是这类耐药的生物标志物（Munshi 等，2021）。在大约 7% 的抗 BCMA 初治患者中发现了杂合性 BCMA 缺失，杂合性 BCMA 缺失是 T 细胞治疗后 BCMA 丢失复发的危险因素（Da Via 等，2021）。目前，早期临床试验正在研究多种替代抗原，如 FCRH5 或 GPRC5D（Rasche 等，2020），但这些靶点的抗原丢失尚未报道。然而，多发性骨髓瘤是一种与高频率拷贝数异常相关的疾病，包括影响编码治疗靶点的基因缺失，我们预计导致抗原丢失的双等位基因事件也可能与 BCMA 之外的靶点相关。在未来的临床试验中，多特异性 CAR-T 细胞或单特异性靶向免疫疗法的组合有望克服抗原丢失（Fernández de Larrea 等，2020）。

二、CAR-T 细胞的免疫功能障碍和耗竭

除抗原丢失外，其他机制也会限制或消除 CAR-T 细胞对肿瘤细胞的识别，

这可能直接由肿瘤细胞引发或经微环境重编程实现。在临床前模型中，特别是实体瘤的研究表明，肿瘤浸润的 CAR-T 细胞会迅速丧失功能，进而限制疗效。当 T 细胞从肿瘤中分离出来时，这种低反应性似乎是可逆的，并且与内源性 T 细胞抑制酶（如二酰基甘油激酶和 SHP-1）的上调及表面抑制性受体（PD1、LAG3、TIM3 和 2B4）的表达有关（Moon 等，2014）。

此外，在接受 Axi-cel 治疗的 DLBCL 患者中，发现了肿瘤浸润的 CAR-T 细胞表达抑制性受体 PD1，并且它们只占肿瘤中可检测到的免疫细胞的少部分（Chen 等，2020）。值得注意的是，化学免疫疗法可以通过诱导单核细胞释放趋化因子，募集 CAR-T 细胞趋化至肿瘤组织，即可与免疫检查点阻断产生协同增强作用（Srivastava 等，2021）。最近，另一项关于 DLCBL 的研究发现，干扰素（interferon，IFN）信号表达及血液中高水平的单核髓源性抑制细胞（monocytic myeloid-derived suppressor cell，M-MDSC）、IL-6 和铁蛋白与对 Axi-cel 缺乏持久反应有关。研究者发现，高 IFN 信号与淋巴瘤细胞上多种检查点配体的表达（包括 PD-L1）有关，并且在对 CAR-T 细胞治疗缺乏持久反应的患者中，这些表达水平更高（Jain 等，2021）。然而，IFN 信号缺失（例如，通过 JAK2 和其他通路组分的突变或下调）可以使肿瘤细胞对 CAR-T 细胞的杀伤产生抵抗（Arenas 等，2021）。

这些发现对下一代 CAR-T 细胞的设计产生了直接影响：目前正在探索多种策略，将免疫检查点阻断与 CAR-T 细胞治疗结合起来，包括同时输注经过基因修饰的淋巴细胞与单克隆抗体，或者通过工程化细胞生产相关的 scFv（Carneiro 和 El-Deiry，2020）以克服抑制信号（Cullen 等，2010），甚至在激活刺激下转换信号（Sutton 等，2000）。此外，研究表明，部分新型的小分子化合物有望拮抗 T 细胞抑制酶的活性（Moon 等，2014）。

三、微环境介导肿瘤抵抗 CAR-T 细胞

免疫抑制或耗竭并不是肿瘤细胞对 CAR-T 细胞杀伤不敏感的唯一机制。在诸多恶性血液肿瘤中，骨髓肿瘤微环境（bone marrow tumour microenvironment，BMME）通过间充质基质细胞（mesenchymal stromal cell，MSC）和肿瘤细胞之间的密切相互作用上调肿瘤细胞抗凋亡机制。值得注意的是，T 细胞和 NK 细胞介导的肿瘤细胞裂解也主要通过激活外源性和内源性凋亡途径（Hanabuchi 等，1994；Falschlehner 等，2009；Carneiro 和 El-Deiry，2020；Cullen 等，

2010；Sutton 等，2000）。因此，最近对 BMMSC 是否也可以通过上调抗凋亡机制来抵抗 T 和 NK 细胞介导的细胞毒性进行了研究，结果表明，多发性骨髓瘤细胞与 BMMSC 的相互作用确实可以保护多发性骨髓瘤细胞免受常规细胞毒性 T 细胞和（达雷妥尤单抗重定向的）NK 细胞的攻击（McMillin 等，2012；de Haart 等，2013；de Haart 等，2016）。最近，有研究测试了 9 种不同针对多发性骨髓瘤的 CAR-T 细胞，这些 CAR-T 细胞对 3 种不同的多发性骨髓瘤相关抗原（CD138、BCMA 和 CD38）具有不同的靶点亲和力和不同的共刺激域（CD28、4-1BB 或 CD28 联合 4-1BB）（Holthof 等，2021a）。在没有 BMMSC 的情况下，$BCMA^{bb2121}$ CAR-T 细胞、高亲和力 CD38 CAR-T 细胞和包含 CD28 共刺激域的中等亲和力 CD38 CAR-T 细胞显示出高水平的肿瘤细胞裂解活性，而其他 CAR-T 细胞对多发性骨髓瘤细胞表现出中等水平的细胞毒性。BMMSC 没有调节高裂解性 CAR-T 细胞的杀伤活性，但保护了骨髓瘤细胞免受中等杀伤能力 CAR-T 细胞的攻击。总体而言，CAR-T 细胞的裂解能力与 BMMSC 介导的保护程度之间显示出强烈的负相关。此外，小分子 FL118 抑制 survivin、MCL-1 和 Xiap，可消除 BMMSC 对多发性骨髓瘤细胞免受 CAR-T 细胞杀伤的保护作用。因此，这些结果证实了 BMMSC 介导的免疫抵抗是通过负调节凋亡途径介导的。此外，肿瘤基质在 CAR-T 细胞疗效中的重要性也在实体瘤小鼠模型中得以体现，破坏肿瘤基质有利于 HER2 特异性 CAR-T 细胞根除大包块肿瘤（Textor 等，2014）。这些研究表明，通过增加 CAR-T 细胞的总体亲和力和杀伤活性，以克服 BMMSC 介导的免疫抵抗似乎是可能的。这可以通过设计包含高亲和力抗原识别域的 CAR、串联 CAR 或双 CAR 策略来实现（van der Schans 等，2020）。或者，使用 CD28 共刺激域（Drent 等，2019；Drent 等，2017）或工程化具有细胞毒性效应分子的 CAR-T 细胞可以上调其细胞活性。近期业已证明，用 CD38 CAR 和（或）DR5 特异性、优化的 TRAIL 变体工程化 NK 细胞系 KHYG-1，可以消除 BMMSC 介导的免疫抵抗（Holthof 等，2021b）。CAR-T 细胞也可“武装”caspase 非依赖性的凋亡分子，如颗粒酶 -A（Borner 和 Monney，1999）。

此外，大量早期和近期的研究表明，凋亡通路是其他 CAR-T 细胞疗法取得疗效的重要因素。例如，研究发现 CD19 CAR-T 细胞在与 BCL-2 抑制药 ABT-737 联合使用时效果更好（Karlsson 等，2013）。相似的结果也在第三代 CD19 CAR-T 细胞与另一种 BCL-2 抑制药 ABT199 联合使用时被观察到（Yang

等，2019）。最后，在急性淋巴细胞白血病（acute lymphoblastic leukaemia，ALL）细胞系中进行的两项独立的功能缺失筛选研究中发现，死亡受体通路缺陷是 CD19 CAR-T 细胞治疗的另一种耐药机制。研究显示，白血病细胞中 FADD、BID 和 TRAIL2 的丢失使这些细胞更易抵抗细胞毒性，并且在长时间刺激下极易导致 T 细胞耗竭（Singh 等，2020；Dufva 等，2020）。CAR-T 细胞与 SMAC 模拟物比瑞那帕的联合应用显著提高了对肿瘤细胞的杀伤（Dufva 等，2020）。因此，当不能增强 CAR-T 细胞的杀伤时，特别是在靶抗原不是肿瘤细胞特异性表达的情况下，可以将 CAR-T 细胞与靶向内源性和外源性凋亡通路中调控蛋白的小分子药物联合使用，使肿瘤细胞对治疗更加敏感。

关键点

- CAR-T 细胞的选择性免疫压力导致肿瘤细胞上靶抗原的表达丢失是 CAR-T 细胞治疗失效的主要机制。
- CAR-T 细胞的 T 细胞耗竭会降低它们的功能。
- 肿瘤微环境中的多种其他细胞能抑制 CAR-T 细胞的功能。

参考文献

[1] Arenas EJ, Martínez-Sabadell A, Rius Ruiz I, Román Alonso M, Escorihuela M, Luque A, et al. Acquired cancer cell resistance to T cell bispecific antibodies and CAR-T targeting HER2 through JAK2 down-modulation. Nature. Communications. 2021;12(1):1237.

[2] Asnani M, Hayer KE, Naqvi AS, Zheng S, Yang SY, Oldridge D, et al. Retention of CD19 intron 2 contributes to CART-19 resistance in leukemias with subclonal frameshift mutations in CD19. Leukemia. 2020;34:1202-7.

[3] Bannerji R, Arnason JE, Advani R, Brown JR, Allan JN, Ansell SM, et al. Emerging clinical activity of REGN1979, an anti-CD20 x anti-CD3 bispecific antibody, in patients with relapsed/refractory follicular lymphoma (FL), diffuse large B-cell lymphoma (DLBCL), and other B-cell non-Hodgkin lymphoma (B-NHL) subtypes. Blood. 2018;132(Suppl 1):1690.

[4] Borner C, Monney L. Apoptosis without caspases: an inefficient molecular guillotine? Cell Death Differ. 1999;6(6):497-507.

[5] Carneiro BA, El-Deiry WS. Targeting apoptosis in cancer therapy. Nat Rev Clin Oncol. 2020;17(7):395-417.

[6] Chen P-H, Lipschitz M, Weirather JL, Jacobson C, Armand P, Wright K, et al. Activation of CAR and non-CAR-T cells within the tumor microenvironment following CAR-T cell therapy. JCI Insight.

2020;5(12):e134612.
[7] Cohen AD, Garfall AL, Stadtmauer EA, Melenhorst JJ, Lacey SF, Lancaster E, et al. B cell maturation antigen-specific CAR-T cells are clinically active in multiple myeloma. J Clin Invest. 2019;129(6):2210-21.
[8] Cullen SP, Brunet M, Martin SJ. Granzymes in cancer and immunity. Cell Death Differ. 2010;17(4):616-23.
[9] Da Via MC, Dietrich O, Truger M, Arampatzi P, Duell J, Heidemeier A, et al. Homozygous BCMA gene deletion in response to anti-BCMA CAR-T cells in a patient with multiple myeloma. Nat Med. 2021;27:616-9.
[10] Drent E, Themeli M, Poels R, de Jong-Korlaar R, Yuan H, de Bruijn J, et al. A rational strategy for reducing on-target off-tumor effects of CD38-chimeric antigen receptors by affinity optimization. Mol Ther. 2017;25(8):1946-58.
[11] Drent E, Poels R, Ruiter R, van de Donk N, Zweegman S, Yuan H, et al. Combined CD28 and 4-1BB costimulation potentiates affinity-tuned chimeric antigen receptor-engineered T cells. Clin Cancer Res. 2019;25(13):4014-25.
[12] Dufva O, Koski J, Maliniemi P, Ianevski A, Klievink J, Leitner J, et al. Integrated drug profiling and CRISPR screening identify essential pathways for CAR-T cell cytotoxicity. Blood. 2020;135(9):597-609.
[13] Falschlehner C, Schaefer U, Walczak H. Following TRAIL's path in the immune system. Immunology. 2009;127(2):145-54.
[14] Fernández de Larrea C, Staehr M, Lopez AV, Ng KY, Chen Y, Godfrey WD, et al. Defining an optimal dual-targeted CAR-T cell therapy approach simultaneously targeting BCMA and GPRC5D to prevent BCMA escape-driven relapse in multiple myeloma. Blood Cancer Discovery. 2020;1(2):146-54.
[15] Gardner R, Wu D, Cherian S, Fang M, Hanafi LA, Finney O, et al. Acquisition of a CD19-negative myeloid phenotype allows immune escape of MLL-rearranged B-ALL from CD19 CAR-T cell therapy. Blood. 2016;127(20):2406-10.
[16] de Haart SJ, van de Donk NW, Minnema MC, Huang JH, Aarts-Riemens T, Bovenschen N, et al. Accessory cells of the microenvironment protect multiple myeloma from T-cell cytotoxicity through cell adhesion-mediated immune resistance. Clin Cancer Res. 2013;19(20):5591-601.
[17] de Haart SJ, Holthof L, Noort WA, Minnema MC, Emmelot ME, Aarts-Riemens T, et al. Sepantronium bromide (YM155) improves daratumumab-mediated cellular lysis of multiple myeloma cells by abrogation of bone marrow stromal cell-induced resistance. Haematologica. 2016;101(8):e339-42.
[18] Hanabuchi S, Koyanagi M, Kawasaki A, Shinohara N, Matsuzawa A, Nishimura Y, et al. Fas and its ligand in a general mechanism of T-cell-mediated cytotoxicity. Proc Natl Acad Sci. 1994;91(11):4930-4.
[19] Holthof L, van der Schans J, Katsarau A, Poels R, Gelderloos A, van Hal SE, et al. Bone marrow mesenchymal stromal cells can render multiple myeloma cells resistant to cytotoxic machinery of CAR-T cells through inhibition of apoptosis. Clin Cancer Res. 2021a;27(13):3793-803.
[20] Holthof L, van der Horst HJ, Gelderloos A, Poels R, Li F, Groen R, et al. Bone marrow mesenchymal stromal cell-mediated resistance in multiple myeloma against NK cells can be overcome by introduction of CD38-CAR or TRAIL-variant. Hema. 2021b;5(5):e561.
[21] Jain MD, Zhao H, Wang X, Atkins R, Menges M, Reid K, et al. Tumor interferon signaling and suppressive myeloid cells associate with CAR-T cell failure in large B cell lymphoma. Blood. 2021;137(19):2621-33.
[22] Jilani I, O'Brien S, Manshuri T, Thomas DA, Thomazy VA, Imam M, et al. Transient down-modulation of CD20 by rituximab in patients with chronic lymphocytic leukemia. Blood. 2003;102(10):3514-20.
[23] Karlsson SCH, Lindqvist AC, Fransson M, Paul-Wetterberg G, Nilsson B, Essand M, et al. Combining

CAR-T cells and the Bcl-2 family apoptosis inhibitor ABT-737 for treating B-cell malignancy. Cancer Gene Ther. 2013;20(7):386-93.

[24] Leblay N, Maity R, Barakat E, McCulloch S, Duggan P, Jimenez-Zepeda V, et al. Cite-Seq profiling of T cells in multiple myeloma patients undergoing BCMA targeting CAR-T or bites immunotherapy. Blood. 2020;136(Suppl 1):11-2.

[25] McMillin DW, Delmore J, Negri JM, Vanneman M, Koyama S, Schlossman RL, et al. Compartment-specific bioluminescence imaging platform for the high-throughput evaluation of antitumor immune function. Blood. 2012;119(15):e131-8.

[26] Moon EK, Wang LC, Dolfi DV, Wilson CB, Ranganathan R, Sun J, et al. Multifactorial T-cell hypofunction that is reversible can limit the efficacy of chimeric antigen receptor-transduced human T cells in solid tumors. Clin Cancer Res. 2014;20(16):4262-73.

[27] Munshi NC, Anderson LD Jr, Shah N, Madduri D, Berdeja J, Lonial S, et al. Idecabtagene Vicleucel in relapsed and refractory multiple myeloma. N Engl J Med. 2021;384(8):705-16.

[28] Neelapu SS, Locke FL, Bartlett NL, Lekakis LJ, Miklos DB, Jacobson CA, et al. Axicabtagene ciloleucel CAR-T cell therapy in refractory large B-cell lymphoma. N Engl J Med. 2017;377(26):2531-44.

[29] Neelapu SS, Rossi JM, Jacobson CA, Locke FL, Miklos DB, Reagan PM, et al. CD19-loss with preservation of other B cell lineage features in patients with large B cell lymphoma who relapsed post-axi-cel. Blood. 2019;134(Suppl 1):203.

[30] Orlando EJ, Han X, Tribouley C, Wood PA, Leary RJ, Riester M, et al. Genetic mechanisms of target antigen loss in CAR19 therapy of acute lymphoblastic leukemia. Nat Med. 2018;24(10):1504-6.

[31] Paul MR, Wong V, Aristizabal P, Kuo DJ. Treatment of recurrent refractory pediatric pre-B acute lymphoblastic leukemia using Inotuzumab Ozogamicin monotherapy resulting in CD22 antigen expression loss as a mechanism of therapy resistance. J Pediatr Hematol Oncol. 2019;41(8):e546-e9.

[32] Plesner T, van de Donk N, Richardson PG. Controversy in the use of CD38 antibody for treatment of myeloma: is high CD38 expression good or bad? Cell. 2020;9(2):378.

[33] Rasche L, Hudecek M, Einsele H. What is the future of immunotherapy in multiple myeloma? Blood. 2020;136(22):2491-7.

[34] Samur MK, Fulciniti M Aktas-Samur A, Hamid Bazarbachi A, Tai Y, Campbell TB, Petrocca F, Hege K, Kaiser S, Anderson K, Munshi NC (2020) Biallelic loss of BCMA triggers resistance to anti-BCMA CAR-T cell therapy in multiple myeloma (abstract #721). 62nd ASH annual meeting and exposition.

[35] van der Schans JJ, van de Donk N, Mutis T. Dual targeting to overcome current challenges in multiple myeloma CAR-T cell treatment. Front Oncol. 2020;10:1362.

[36] Singh N, Lee YG, Shestova O, Ravikumar P, Hayer KE. Impaired death receptor signaling in leukemia causes antigen-independent resistance by inducing CAR-T cell dysfunction. 2020;10(4):552-67.

[37] Sotillo E, Barrett DM, Black KL, Bagashev A, Oldridge D, Wu G, et al. Convergence of acquired mutations and alternative splicing of CD19 enables resistance to CART-19 immunotherapy. Cancer Discov. 2015;5(12):1282-95.

[38] Srivastava S, Furlan SN, Jaeger-Ruckstuhl CA, Sarvothama M, Berger C, Smythe KS, et al. Immunogenic chemotherapy enhances recruitment of CAR-T cells to lung tumors and improves antitumor efficacy when combined with checkpoint blockade. Cancer Cell. 2021;39(2):193-208.e10.

[39] Sutton VR, Davis JE, Cancilla M, Johnstone RW, Ruefli AA, Sedelies K, et al. Initiation of apoptosis by granzyme B requires direct cleavage of bid, but not direct granzyme B-mediated caspase activation. J Exp Med. 2000;192(10):1403-14.

[40] Textor A, Listopad JJ, Wuhrmann LL, Perez C, Kruschinski A, Chmielewski M, et al. Efficacy of CAR-T cell therapy in large tumors relies upon stromal targeting by IFNgamma. Cancer Res. 2014;74(23):6796-805.
[41] Yang M, Wang L, Ni M, Schubert M-L, Neuber B, Hückelhoven-Krauss A, et al. The effect of apoptosis inhibitor blockade agents on the third generation CD19 CAR-T cells. Blood. 2019;134(Suppl 1):5620.

第 5 章 欧洲的 CAR-T 计划

CART Initiatives in Europe

王 黎 **译** 杨 婷 **审**

CAR-T 在 B 细胞肿瘤，包括急性淋巴细胞白血病、大 B 细胞淋巴瘤（large B-cell lymphoma，LBCL）及现在的多发性骨髓瘤（multiple myeloma，MM）中的疗效，已成为近几十年来抗击癌症的伟大成就之一（Porter 等，2011）。然而，仍然需提高治疗反应比例［特别是在非霍奇金淋巴瘤（non-Hodgkin lymphoma，NHL）中］（Locke 等，2019）并减少复发比例（特别是在 ALL 中）（Grupp 等，2013）。更重要的是，目前的商品化 CAR-T 产品尚未应用于 T 细胞肿瘤、髓系恶性血液病或实体瘤。作为扩大 CAR-T 疗效的必要努力的体现，目前全球有 500 多个临床试验正在进行中，其中大部分由美国或中国团队主导。不幸的是，欧洲机构在这些项目中代表性不足。我们有责任推动和协调欧洲的学术临床试验。我们在 Eudract 和 ClinTrialsGov（截至 2021 年 2 月 20 日）中找到了 35 项由欧洲团队推动的早期临床试验（表 5–1）。其中，20 项是由学术机构主办的研究，15 项是由欧洲公司与欧洲学术机构联合主办的研究。我们列出了由欧洲学术中心或中小型欧洲公司推动的 CAR-T 临床试验，旨在让治疗血液肿瘤疾病的欧洲团体了解这一领域的现状，促进患者纳入这些临床试验，并支持推广这些研究的团队，以增强合作。

12 个欧洲机构负责了 20 项学术临床试验（伦敦大学学院，*n*=4；巴塞罗那临床医院，*n*=3；大奥蒙德街医院，*n*=2；班比诺·杰苏医院，*n*=2；乌普萨拉大学，*n*=2；国王学院，*n*=1；马蒂尔德 · 特塔曼提医院，*n*=1；圣保罗医院，*n*=1；海德堡大学，*n*=1；维尔茨堡大学，*n*=1）。最常见的靶点是 CD19（*n*=12；ALL，*n*=5；NHL，*n*=1；所有 B 淋巴瘤，*n*=6）。其他靶点包括 BCMA（*n*=1，MM）、CD30［*n*=1，霍奇金淋巴瘤（Hodgkin lymphoma，HL）和 T 细胞非霍奇金淋巴

表 5-1 欧洲正在进行的 CAR-T 临床试验

名 称	Clinical Trial Gov 编号	EudraCT 编号	机 构	靶 点	年 龄	疾 病
欧洲学术中心推广的 CAR-T 临床试验						
Evaluation of CAR19 T-cells as an Optimal Bridge to Allogeneic Transplantation（COBALT）	NCT02431988	2015-000348-40	University College London	CD19	全年龄段	NHL DLBCL
CAR19 Donor Lymphocytes for Relapsed $CD19^+$ Malignancies Following Allogeneic Transplantation（CARD）	NCT02893189	—	University College London	CD19	成人	$CD19^+$ 疾病
CARPALL：Immunotherapy With CD19 CAR T-cells for $CD19^+$ Haematological Malignancies	NCT02443831	—	University College London	CD19	儿童	ALL
Immunotherapy with CD19ζ CAR gene-modified EBV-specific CTLs after stem cell transplant in children with high-risk ALL	NCT01195480	2007-007612-29	University College London	CD19	儿童	ALL
Phase 1，open label study of CRISPR-CAR genome edited T cells（TT52CAR19）in R/R B Cell ALL	—	2019-003462-40	Great Ormond Street Hospital	CD19	儿童	ALL
A Cancer Research UK Phase I Trial of Anti-GD2 CAR Transduced T-cells（1RG-CART）in Patients With R/R Neuroblastoma	NCT02761915	—	Great Ormond Street Hospital/CaResearchUK	GD2	全年龄段	神经母细胞瘤
Phase I Trial：T4 Immunotherapy of Head and Neck Cancer	NCT01818323	—	King’s College London	ErbB receptor	成人	头颈癌

（续表）

名 称	Clinical Trial Gov 编号	EudraCT 编号	机 构	靶 点	年 龄	疾 病
Phase Ⅰ Study for the Adoptive Transfer of Re-directed FAP-specific T Cells in the Pleural Effusion of Patients With Malignant Pleural Mesothelioma	NCT01722149	—	University of Zurich	FAP	成人	间皮瘤
Targeting Leukemic Stem Cell Expressing the IL-1RAP Protein in CML	NCT02842320	—	Centre Hospitalier Universitaire de Besançon	IL-1RAP	成人	CML
Phase Ⅰ / Ⅱ Study of Anti-GD2 CAR-Expressing T Cells in Pediatric Patients Affected by High Risk and/or R/R Neuroblastoma or Other GD2-positive Solid Tumors	NCT03373097	2017-002475-26	Bambino Gesù Hospital and Research Institute	GD2	儿童	神经母细胞瘤
Phase Ⅰ / Ⅱ Study of Anti-CD19 Chimeric Antigen Receptor-Expressing T Cells in Pediatric Patients Affected by R/R $CD19^+$ ALL and NHL	NCT03373701	2017-002088-16	Bambino Gesù Hospital and Research Institute	CD19	儿童	$CD19^+$ 疾病
Phase 1-2a Trial to Determine the Feasibility and Safety of a Single Dose of Transposon-manipulated AlloCARTICK-CD19 Cells in R/R B-cell ALL，After HSCT	NCT03389035	2017-000900-38	Fondazione Matilde Tettamanti Menotti De Marchi Onlus	CD19	全年龄段	ALL

（续表）

名　称	Clinical Trial Gov 编号	EudraCT 编号	机　构	靶　点	年　龄	疾　病
Pilot Study on the Infusion of Differentiated Autologous T-cells with Anti-CD19 Specificity CAR（ARI0001）in Patients With R/R CD19^{+} Leukemia or Lymphoma	NCT03144583	2016-002972-29	Hospital Clínic Barcelona	CD19	全年龄段	CD19^{+} 疾病
Clinical Trial Using Humanized CART Directed Against BCMA（ARI0002h）in Patients With Relapsed/Refractory Multiple Myeloma to Proteasome Inhibitors，Immunomodulators and Anti-CD38 Antibody	NCT04309981	2019-001472-11	Hospital Clínic Barcelona	BCMA	成人	MM
Phase 2 Study of the Infusion of ARI-0001 Cells in Patients With CD19^{+} Acute Lymphoid Leukemia Resistant or Refractory to Therapy（CART19-BE-02）	NCT04778579	—	Hospital Clínic Barcelona	CD19	成人	ALL
Immunotherapy with differentiated T lymphocytes genetically modified to express a chimeric receptor with anti-CD30 specificity in patients with classic Hodgkin's lymphoma and NHL-T CD30^{+}	—	2019-001263-70	IIBSP-Sant Pau Hospital	CD30	成人	HL 及 T-NHL CD30^{+}
CD19-targeting 3rd generation CAR T cells for refractory B cell malignancy - a phase Ⅰ/Ⅱa trial	NCT03068416	2013-001393-19	Uppsala University	CD19	所有年龄段	CD19^{+} 疾病

（续表）

名　称	Clinical Trial Gov 编号	EudraCT 编号	机　构	靶　点	年　龄	疾　病
Treatment of patients with R/R $CD19^+$ lymphoid disease with T lymphocytes transduced by RV-SFG.CD19.CD28.4-1BBzeta retroviral vector - A unicenter Phase Ⅰ/Ⅱ clinical trial	NCT03676504	2016-004808-60	University Hospital Heidelberg	CD19	所有年龄段	$CD19^+$ 疾病
CD19-targeting 3rd generation CAR T cells for refractory B cell malignancy - a phase Ⅰ/Ⅱa trial. A phase Ⅱ trial	—	2016-004043-36	Uppsala University	CD19	所有年龄段	$CD19^+$ 疾病
A phase Ⅰ/Ⅱa clinical trial to assess feasibility, safety and antitumor activity of autologous SLAMF7 CAR-T cells in MM	NCT04499339	2019-001264-30	Universitätsklinikum Würzburg	SLAMF7	成人	MM
欧洲公司推广的 CAR-T 临床试验						
A Phase Ⅰ/Ⅱa trial to assess the safety and antitumor activity of autologous CD44v6 CAR-T cells in AML and MM expressing CD44v6	NCT04097301	2018-000813-19	MoMed S.p.A	CD44v6	成人	MM
A Single-Arm,Open-Label,Multi-Centre,Phase Ⅰ/Ⅱ Study Evaluating theSafety and Clinical Ativity Of AUTO3,a CART Cell Treatment TargetingCD19 And CD22 in PaediatricAnd Young Adult Patients With R/R-ALL	NCT03289455	2016-004680-39	Autolus Limited	CD19/CD22	儿童	ALL

（续表）

名　称	Clinical Trial Gov 编号	EudraCT 编号	机　构	靶　点	年　龄	疾　病
A Single Arm,Open-label,Multi-centre,Phase Ⅰ/Ⅱ Study Evaluating theSafety and Clinical Activity of AUT03,a CART Cell Treatment TargetingCD19 and CD22 With Anti PD1Antibody in Patients With R/R DLBCL	NCT03287817	2016-004682-11	Autolus Limited	CD19/ CD22	儿童	ALL
A Single Arm,Open-Label,Multi-centre,Phase Ⅰ/Ⅱ Study Evaluating theSafety And Clinical Activity of AUTO4,a CAR T CELL Treatment TargetingTRBC1,in patients With R/R TRBC1 Positive Selected T cell NHL	NCT03590574	2017-001965-26	Autolus Limited	TRBC1	儿童	T-NHL
A Single Arm,Open-Label,Multi-Centre,Phase Ⅰ/Ⅱ Study Evaluating theSafety and Clinical Activity of AUTO3,a CART Cell Treatment TargetingCD19 and CD22 with Ant PD-1Antibody in Patients with R/R DLBCL	—	2016-004682-11	Autolus Limited	CD19/ CD22	成人	NHL DLBC
A Single Arm,Open-Label,Multi-Centre,Phase Ⅰ/Ⅱ Study Evaluating theSafety and Clinical Activity of AUTO2,a CAR T CellTreatment TargetingBCMA and TACl,in Patients with R/R MM	NCT03287804	2015-005839-42	Autolus Limited	CD19	全年龄	MM

（续表）

名 称	Clinical Trial Gov 编号	EudraCT 编号	机 构	靶 点	年 龄	疾 病
An Open-Label,Multi-Centre,Phase Ⅰb/Ⅱ Study Evaluating The Safety andEfficacy Of AUTO1,A CART Cell Treatment Targeting CD19,In AdultPatients With R/R B-ALL.	NCT04404660	2019-001937-16	Autolus Limited	CD19	成人	MM
An Open-label,Phase IStudy to Assess the Safety of Multiple Doses ofCYAD-101,Administered After Standard FOLFOX or FOLFIRI Chemotherapyin Patients With Unresectable Metastatic Colorectal Cancer	NCT03692429	—	Celyad	NKG2D	成人	结直肠癌
A phase 1,open label,non-comparative,study to evaluate the safety andthe ability of UCART19 to induce molecular remission in paediatric patientswith relapsed/refractory B-cell acute lymphoblastic leukaemia	—	2015-004293-15	Servier	CD19	儿童	ALL
Phase Ⅰ, Open Label, Dose-escalation Study Followed by a Safety Expansion Part to Evaluate the Safety, Expansion and Persistence of a Single Dose of UCART19 in Patients With R/R B-ALL	NCT02746952	2016-000296-24	Servier	CD19	成人	ALL
Multicenter Phase Ⅰ Trial of MB-CART20.1 for the Treatment of PatientsWith Metastatic Melanoma	NCT03893019	—	Miltenyi Biotec GmbH	CD20	成人	黑色素瘤

（续表）

名 称	Clinical Trial Gov 编号	EudraCT 编号	机 构	靶 点	年 龄	疾 病
A Phase Ⅰ/Ⅱ Safety,Dose Finding and Feasibility Trial of MB-CART20.1 inPatients With Relapsed or Resistant CD20 Positive B-NHL	NCT03664635		Miltenyi Biotec GmbH	CD19	成人	NHL DLBC
A Phase Ⅰ/Ⅱ Safety,Dose Finding and Feasibility Trial of MB-CART19.1 inPatients With Relapsed or Refractory CD19 Positive B Cell Malignancies	NCT03853616	2017-002848-32	Miltenyi Biotec GmbH	CD19	全年龄段	$CD19^+$ 疾病
Phasel,open label dose-escalation study to evaluate the safety,expansion,persistence and clinical activity of multiple infusions of UCART123 inpatients with adverse genetic risk AML		2018-001018-14	CELLECTIS SA Fr	CD123	成人	AML
Assessing Feasibility of Expansion and Characterization of Gamma Delta T Cells of Patients With AML as Starting Product for Generation of CD33-CD28Gamma Delta T Cells	NVT03885076		Royal Marsden NHS/TC Biopharm	CD33	成人	AML
Phase Ⅰ/Ⅱ la,First-in-human(FIH),Open-label,Dose Escalation Trial WithExpansion Cohorts to Evaluate Safety and Preliminary Efficacy of CLDN6CAR-T+/-CLDN6 RNA-LPXin Patients With CLDN6-positive Relapsed orRefractory Advanced Solid Tumors	NCT04503278	2019-004323-20	BioNTech Cell&Gene Therapies GmbH	CLDN6	成人	实体肿瘤

ALL. 急性淋巴细胞白血病；AML. 急性髓系白血病；CML. 慢性粒细胞白血病；DLBCL. 弥漫性大 B 细胞淋巴瘤；HL. 霍奇金淋巴瘤；T-NHL. T 细胞非霍奇金淋巴瘤；MM. 多发性骨髓瘤；NHL. 非霍奇金淋巴瘤

瘤（T-cell non-Hodgkin lymphoma，T-NHL）]、SLAMF7（*n*=1，MM）、GD2（*n*=2，神经母细胞瘤）、ErbBR（*n*=1，头颈部肿瘤）、Fap（*n*=1，间皮瘤）、IL-1 RAP[*n*=1，慢性髓性白血病（chronic myelogenous leukemia，CML）]。在这 20 项临床试验中，有 8 项仅包括成人，5 项仅包括儿童，7 项包括各个年龄段。

另外，还有 16 项临床试验是由七家欧洲制药公司推动（Autolus，*n*=6；Miltenyi，*n*=3；Servier，*n*=2；MolMed，*n*=1；Celyad，*n*=1；Cellectis，*n*=1；TcBiopharm，*n*=1，BioNTech，*n*=1）。同样，最常见的靶点是 CD19（*n*=4；ALL，*n*=2；NHL，*n*=1；所有 B 淋巴瘤，*n*=1）。其他靶点包括双靶向 CD19/CD20 或 CD19/CD22（*n*=3，ALL，*n*=1；NHL，*n*=2）、CD20（*n*=2，黑色素瘤，淋巴瘤）、BCMA（*n*=1，MM）、CD123（*n*=1，AML）、CD33（*n*=1，AML）、NKG2D（*n*=1，结肠癌）、CD44v6（*n*=1，MM）、TRCDB1（*n*=1，T-NHL）和 CLDN6（*n*=1，结肠癌）。

希望随着更多临床试验的设立，这份清单能够不断扩展。我们计划组织一次特别研讨会，以提供更全面的数据，如基因构建体的特征（共刺激分子类型，第二代或第三代 CAR）、载体（病毒或非病毒）、扩增方法（自动化或手动），以及这些团队在特定临床试验之外的规划[医院豁免、欧洲药品管理局（European Medicines Agency，EMA）]。我们相信，这些信息将有助于增强欧洲在这一领域的努力，推动该领域的发展。

最近，欧洲推出了两个旨在促进合作并增加 CAR-T 活动的倡议：GoCART 和 T2 EVOLVE 联盟。

GoCART 是欧洲血液和骨髓移植学会（European Society for Blood and Marrow Transplantation，EBMT）和欧洲血液学会（European Hematology Association，EHA）之间的战略合作伙伴关系，涵盖了一个多方利益相关者联盟，包括患者代表、医疗专业人员、制药公司、监管机构、健康技术评估（health technology assessment，HTA）机构、报销机构和医学组织。其最重要的目标包括以下内容。

- 合作并共享数据和知识。
- 促进数据收集、教育、护理标准、监管批准、中心资质和报销流程的协调统一。
- 建立一个支持监管和共享研究目的的上市前和上市后登记系统。
- 为患者和医疗专业人员开发一个细胞疗法教育和信息项目。

T2EVOLVE 是一个癌症免疫疗法领域的学术和行业领导者联盟，隶属于欧盟创新药物计划（由欧盟的 Horizon 2020 研究与创新计划资助）。T2EVOLVE 的主要目标是加速免疫细胞治疗的开发，并提高癌症患者对具有基因工程 TCR 或 CAR 的免疫细胞疗法的认识和获取渠道。同时，T2EVOLVE 还旨在提供关于这些治疗方法如何可持续地融入欧盟医疗系统的指导。T2EVOLVE 联盟通过以下关键方面的工作和改进，力求实现其目标。

- 选择最佳的淋巴清除方案。
- 优化临床前模型，以获得最佳的安全性和疗效预测。
- 在患者的临床治疗过程中提供指导并参与其中。
- 确定基因工程化 T 细胞输注前后的金标准分析方法。
- 制订良好生产规范（good manufacturing practice，GMP）指南并建立标准产品规范特性提供优质的癌症治疗，使所有欧洲患者都能获得。

关键点

- 欧洲已启动两项旨在促进协作并提升 CAR-T 细胞治疗研究活跃度的倡议：GoCART 联盟与 T2 EVOLVE 联盟。
- 目前有大量 CAR-T 细胞临床试验正在进行中。
- 尽管临床试验主要集中在美国和中国开展，欧洲呈现相对滞后态势，但其临床研究活动正呈现显著增长趋势。
- 亟须通过系统性举措加强欧洲区域内临床试验的协同创新能力，目前已有多个战略性合作项目进入规划阶段以推动该目标的实现。

参考文献

［1］ Grupp SA, Kalos M, Barrett D, et al. Chimeric antigen receptor-modified T cells for acute lymphoid leukemia. N Engl J Med. 2013;368:1509-18.

［2］ Locke FL, Ghobadi A, Jacobson CA, et al. Long-term safety and activity of axicabtagene ciloleucel in refractory large B-cell lymphoma (ZUMA-1): a single-arm, multicentre, phase 1-2 trial. Lancet Oncol. 2019;20:31-42. https://doi.org/10.1016/S1470-2045(18)30864-7.

［3］ Porter DL, Levine BL, Kalos M, et al. Chimeric antigen receptor-modified T cells in chronic lymphoid leukemia. N Engl J Med. 2011;365:725-33.

第二篇

制造 CAR-T 细胞的供应链

Manufacturing CAR-T Cells: The Supply Chain

第6章　给制造商提供用于已批准和上市的自体 CAR-T 细胞治疗的起始材料

Providing the Starting Material to the Manufacturer of an Approved and Commercially Available Autologous CAR-T Cell Treatment

赵翔宇 **译**　　李　萍 **审**

CAR-T 细胞的制造始于通过单采术从患者体内采集单核细胞（mononuclear cells，MNC）（尽管实际上只使用 T 淋巴细胞进行制备）。尽管有多个项目正在致力于同种异体 CAR-T 细胞的开发，但目前在欧盟只有自体来源的 CAR-T 疗法获得批准。本章仅讨论已上市或即将上市的自体 CAR-T 细胞产品，不涉及处于研究阶段的 CAR-T 产品或通过医院豁免条款批准的罕见 CAR-T 产品，如 ARI-001 产品（Ortiz-Maldonado 等，2021）；相关内容可参考第 3 章。

有意成为 CAR-T 中心的机构必须具备足够的单采能力，以确保立即安排单采；单采能力必须与 CAR-T 项目的发展保持同步（表 6-1 至表 6-5）。

表 6-1　单采收集前的准备工作
在 CAR-T 细胞治疗患者的筛查过程中，可能需要进行单采术前访视评估
在访问期间，应评估以下方面（Yakoub-Agha 等，2020） • 尽可能在单采前停用影响循环 T 淋巴细胞数量和功能的药物（如类固醇、免疫抑制药和化疗药物）。具体停药时间应遵循机构指南和生产许可持有者（manufacturing authorization holder，MAH）的指导。类固醇通常在单采前 3～7 天停用 • 评估系统性感染，特别是在有中心静脉导管的患者中。由于存在产品污染的风险，菌血症是单核细胞单采的相对禁忌证。然而，请注意，虽然污染的血液产品绝非理想，但制造商不一定会拒绝，因为制造过程可能计划添加抗生素

（续表）

- 评估静脉通路，理想情况下，如果通过触诊无法确定上臂外周静脉是否适合，应进行超声检查（Gopalasingam 等，2017），然后再决定是否需要放置中心静脉导管。大多数成年患者可以通过外周通路采集血液。中心导管通常在体重较轻的儿童中需要。长期留置导管也是适用的（Jarisch 等，2020）
- 针对儿科患者，需由儿科医师与单采术医疗主管联合评估是否需要镇静措施
- 查看全血细胞计数（complete blood count，CBC）和分类（绝对淋巴细胞计数）结果，以计算目标处理量
- 检查平均红细胞体积（mean corpuscular volume，MCV），以排除轻型 β 珠蛋白生成障碍性贫血的存在。微红细胞症会导致异常沉降行为，需要调整单采设置（Constantinou 等，2017）
- 记录身高和体重，并计算总血量。特别是在体重较轻的儿童中，考虑是否需要用经辐照的红细胞浓缩液进行单采管路的预充（这需要提前订购，以免延误单采的开始）
- 如果患者在单采前几天接受了细胞成分血制品输注，必须使用 γ 射线辐照处理
- 注意合并用药，特别是抗高血压药物。血管紧张素转换酶抑制药和 β 受体阻滞药会增加单采期间低血压反应的风险
- 评估电解质水平：钾、（游离）钙和镁在单采过程中会下降，因此如果在单采前已经异常，可能引发危急值（Stenzinger 和 Bonig，2018）
- 在采集前 30 天内必须有 HIV、HBV 和 HCV（在一些国家还需要 HTLV-1 和梅毒）的阴性检测结果，以符合自体细胞产品的适用法律和法规。MAH 将要求在起始材料运送到制造地点时提供这些结果

表 6-2　单采收集设计

- 选择适合采集的单采平台。根据所选择的平台，所采集产品的特性可能会显著不同。例如，如果使用 Amicus 分离器（Fresenius-Kabi，Bad Homburg，Germany），与 Spectra Optia（Terumo BCT，Lakewood，CO，USA）相比，其血小板含量非常低（Cid 等，2019）（表 6-3）
- 检查患者的总血容量是否需要对单采分离器进行预充
- 检查淋巴细胞计数以确定需要处理的血液量，不同制造商的单采目标见表 6-4
- 根据需要处理的血液量，考虑在采集过程中预防性地给予钙和镁（Sörensen 等，2013）
- 评估血红蛋白和血小板计数，根据情况考虑在单采前或单采后进行输血。单采前血红蛋白水平达到 7g/dl，最好是 8g/dl，有助于单采过程中界面层的形成。使用 Spectra Optia 分离器，每处理一次总血容量会减少约 11% 的血小板计数。评估血钾水平，必要时考虑补钾
- 评估钾水平并考虑补钾

表 6-3　常用单采平台的特性

特　性	Amicus	Spectra Optia
制造商	Fresenius-Kabi（Bad Homburg，Germany）	TerumoBCT（Lakewood，Co，USA）

（续表）

特 性	Amicus	Spectra Optia	
软件套件		连续单核细胞（CMNC）	单核细胞
流动类型	非连续性	连续性	双级分离
流速	10～80（85）ml/min（取决于白细胞计数）	10～142ml/min	10～125ml/min
操作	自动	半自动	半自动
单核细胞收集	离心分级法分离	抽吸方式采集	先抽取细胞，再进行离心分级
血小板	返回给捐献者	收集	部分返回给捐献者

流速取决于白细胞计数

表 6-4　不同 CAR-T 细胞治疗制造商的采集要求

产 品	Axicabtagene ciloleucel	Brexucabtagene autoleucel	Tisagenlecleucel	Lisocabtagene maraleucel	Idecabtagene vicleucel	Ciltacabtagene autoleucel
注册名称	Yescarta®	Tecartus®	Kymriah®	Breyanzi®	Abecma®	
制造商	Gilead	Gilead	Novartis	Juno-Celgene-BMS	BlueBird Bio-Celgene-BMS	Legend Therapeutics-Janssen
识别的抗原	CD19	CD19	CD19	CD19	BCMA	BCMA
单采期间的目标细胞剂量	$5 \sim 10 \times 10^9$ MNC		$1 \sim 4 \times 10^9$ $CD3^+$ 细胞 $\geqslant 2 \times 10^9$ TNC $\geqslant 3\%$ $CD3^+$ TNC			
需要处理的目标体积	12～15L		6～10L			

MNC. 单核细胞；TNC. 总核细胞

采集要求根据制造商的建议设定

表 6-5 中转存储、冷冻保存与物流

- 在 4～8℃中转存储
- Tisagenlecleucel：调整浓度至 10^8/ml（0.5～2×10^8）；尽快冷冻，但不得晚于采集后 24h，使用 DMSO 作为冷冻保护剂，并在受控速率冷冻机中冷冻；存储在液氮中 [操作开始前需由制造商验证机构的标准操作程序（standard operating procedure，SOP）]
- 所有其他 CAR-T 细胞：按照制造商的指示和要求，尽快在 4～8℃下运输
- 制造授权持有人（marketing authorization holder，MAH）负责安排取样，使用温控运输容器，保持适当的温度
- 取样的计划、记录、交接和跟踪由 MAH 提供的特定网络工具支持

关键点

- 通过评估患者的临床和生物学状态来准备单采。
- 停止会降低免疫效应细胞数量和功能的治疗。
- 根据患者的情况调整单采参数。
- 根据制造商的需求和要求调整单采参数。
- 与细胞处理中心紧密协调，确保按制造商的要求顺利运输到生产地点。

参考文献

[1] Cid J, Carbasse G, Alba C, Perea D, Lozano M. Leukocytapheresis in nonmobilized donors for cellular therapy protocols: evaluation of factors affecting collection efficiency of cells. J Clin Apher. 2019;34:672-9.
[2] Constantinou VC, Bouinta A, Karponi G, et al. Poor stem cell harvest may not always be related to poor mobilization: lessons gained from a mobilization study in patients with beta-thalassemia major. Transfusion. 2017;57:1031-9.
[3] Gopalasingam N, Thomsen AE, Folkersen L, Juhl-Olsen P, Sloth E. A successful model to learn and implement ultrasound-guided venous catheterization in apheresis. J Clin Apher. 2017;32:437-43.
[4] Jarisch A, Rettinger E, Sorensen J, et al. Unstimulated apheresis for chimeric antigen receptor manufacturing in pediatric/adolescent acute lymphoblastic leukemia patients. J Clin Apher. 2020;35(5):398-405. https://doi.org/10.1002/jca.21812.
[5] Ortiz-Maldonado V, Rives S, Castella M, et al. CART19-BE-01: a multicenter trial of ARI-0001 cell therapy in patients with CD19(+) relapsed/refractory malignancies. Mol Ther. 2021;29:636-44.
[6] Sörensen J, Jarisch A, Smorta C, et al. Pediatric apheresis with a novel apheresis device with electronic interface control. Transfusion. 2013;53:761-5.
[7] Stenzinger M, Bonig H. Risks of leukapheresis and how to manage them—a non-systematic review. Transfus Apher Sci. 2018;57:628-34.
[8] Yakoub-Agha I, Chabannon C, Bader P, et al. Management of adults and children undergoing CAR-T cell therapy: best practice recommendations of the EBMT and JACIE. Haematologica. 2020;105:297-316.

第 7 章　接收、处理、存储、解冻、分发和管理从制造设施运送的 CAR-T 细胞

Receiving, Handling, Storage, Thawing, Distribution, and Administration of CAR-T Cells Shipped from the Manufacturing Facility

赵翔宇 **译**　　李　萍　**审**

一、定义

在 CAR-T 细胞治疗的制造过程中，患者的 T 细胞在富集、基因修饰和扩增后获得药品的身份。这种药理效应来源于转基因的插入，编码 CAR 受体，该受体能够识别肿瘤抗原、裂解肿瘤细胞并激活免疫系统（见第 1 章至第 3 章）。此外，CAR-T 细胞在血液系统中与抗原阳性细胞相互作用后会大量扩增，从而使施用的先进疗法药物（advanced therapy medicinal products，ATMP）细胞数量增加（June 等，2018）。由于这一药理机制，尽管 CAR-T 细胞是细胞产品，但它们属于基因治疗药物。无论是来自患者还是健康供者，CAR-T 细胞都属于欧洲议会第 EC N° 1394/2007 号法规和 2007 年 11 月 13 日理事会第 2009/120/EC 号指令中定义的 ATMP 类别，并且该法规修订了指令 2001/83/EC 和法规 N° 726/2004。

由于具有此药物产品身份，CAR-T 细胞的管理归医院药剂师负责。制造商将合格的药物运输到治疗中心的药房；无论 CAR-T 细胞是在市场上销售还是在临床试验中实验性使用，医院药剂师都负责每一个步骤：接收、处理、存储、解冻和分发（Pinturaud 等，2018）。在设有细胞处理中心的医院中，药房可以根据内部协议，选择将某些技术操作外包给细胞处理中心。总体的处理和操作

过程必须符合当地和国家卫生当局执行的法律要求，并符合药品生产公司规定的技术要求（通过审计和培训课程检查）（表 7-1）。

表 7-1　CAR-T 细胞治疗过程

工作流程	过程描述
处　理	• 根据 ATMP 要求处理 CAR-T 细胞，确保产品安全和医护人员的保护。为涉及“CAR-T 路径”各个阶段的处理团队提供个人防护装备（personal protective equipment，PPE） • “CAR-T 医院路径”由药剂师监督；这些步骤由药剂团队与血液科的医疗和护理团队协调，以实现目标并简化患者的护理路径 • 需要一个可靠、适应性强的质量保证系统，为所有参与人员提供初始和持续的培训计划，并定期评估，此外还需通过制药实验室的中心资质认证 • 在许多中心，CAR-T 细胞产品由专门的肿瘤药剂团队管理，这些团队参与癌症患者的监测和治疗，并与肿瘤科保持密切联系 • 制造商进行员工培训和现场检查 • 通过基于网络的沟通工具进行过程控制，制造商提供访问权限
接收和合格性检查	关键步骤 • 在多学科会议背景下确认治疗，确保适应证与药品批准 / 药品说明书（summary of product characteristics，SmPC）一致，并且患者病情与 CART 细胞的预期安全性相符 • 由医院药剂师向制造商下订单 • 计划通过细胞采集中心进行初始材料的采集（可以由治疗医院或外包给其他医院或血库操作） • 从细胞处理中心运输初始材料，该中心与细胞采集中心密切合作（细胞处理设施可以由治疗医院操作或外包给其他医院或血库） • 从下订单到接收之间的周转时间为 4～6 周，以便制造和运输（基于第一批活跃的欧洲中心的经验） • 在制造商的网站上跟踪按需药品生产的连续步骤，允许提前知道接收的日期和时间，以便调动必要的人力资源，确保接收过程不间断冷链 • CART 细胞通常以袋或注射器形式呈现，用于输注，通过干冰运输容器（蒸汽相液氮）在大约 160℃下交付。在通风场所接收干冰运输容器 • 在接收时进行合格性检查，包括接收文件（运输单据、分析和合格证书、温度记录、标签） • 检查冷冻运输容器：无明显损坏和（或）泄漏 • 打开金属盒子，全面检查冷冻的细胞产品 • 核对 CART 细胞标签上印刷信息的完整性和准确性，如患者和药品信息。正确的标签是维持从制造过程到药品给药的身份链 / 监护链的关键

（续表）

工作流程	过程描述
	• 备用袋：是否有备份袋可供使用，应在接收文件中系统地注明。在接收时检测到不合格时，此信息对药剂师和血液科医生确定治疗策略非常有用。备份袋可以确保在 48h 内通过更换有缺陷的 CART 细胞进行及时输注 • 将所有检索到的信息输入制造商的网站 • 将 CART 细胞转移到低温接收容器中 • 管理超出范围的温度或其他异常情况：将 CART 细胞储存在隔离区，并联系制造商获取指导 • 最终检查是否超出规格（out of specifications，OOS） • 双重控制，由药剂团队的两名成员或药房和细胞处理中心各一名成员进行接收、合格性检查和转移到低温接收容器的工作
存　储	在蒸汽相液氮罐中存储。在具有细胞处理中心的医院中，可以在专用的液氮罐中存储。相关职责应在经卫生主管部门批准的协议中予以定义 • 冷冻储存区最好配备多个液氮罐，以备发生故障时使用。拥有多个独立的液氮罐还允许将市场授权的 CART 细胞与临床试验中使用的或其他 ATMP 区分开来。液氮罐由中央填充罐供给，填充和液位监测应自动化，并实时监测，低阈值设有 24/7 报警系统。温度变化必须定期监测、保存和控制 • 液氮存储时间：大约 6 个月 • 预防在冷冻容器中取放 CART 细胞时发生烧伤和缺氧事故，储存区域应为通风良好的环境，并且必须有专门人员进入，禁止无陪伴进入冷冻区域，门上应设有观察窗，确保外部可检测到任何事故。地面氧气浓度应实时记录，并通过视觉和声音报警系统显示在医院的安全站。液氮储存符号应明确标示。应设有急救程序，并且急救标识图标应张贴在储存区域内外 • 保护工作人员：使用 PPE 以防止接触液氮引起的烧伤（包括带袖子的手套、护目镜、实验室大衣和靴子）。遵循医院的液氮操作规程 • 组织管理：在夜间、周末和假日实施值班轮换，以便在药房非开放时间内发生任何故障时能够及时干预 • 定期维护：确保设备和罐子的良好运行
解　冻	在从存储罐中取出药品后，需再次进行双重检查（四眼原则）以避免给药中的任何错误，包括仔细检查患者身份信息：姓名、出生日期、单采 ID 和批号 • 检查产品与血液科医生的处方是否一致：患者身份、CART 名称、给药日期 • 检查有效期（尽管 CART 细胞在低于 160℃的温度下可稳定保存数月） • 血液科医生发出开始解冻的指示后，开始解冻 解冻操作 • 在给药当天由药剂团队执行，尽量缩短时间；这需要与血液科协调计划 • 在药房场所（或在外包的细胞处理中心）中进行，将 CART 细胞的袋子在清洁室内用保护性塑料袋双重包裹，然后放入专用的（37±2）℃水浴中解冻，直至袋中所有冰晶融化。根据当地组织，也可以使用干燥解冻法

（续表）

工作流程	过程描述
	• 建议：解冻时将袋子双重包裹在防水塑料袋中，以保护 CART 细胞袋，并观察和控制任何可能由于原袋被刺破而漏液的情况，这种情况可能在接收时未被发现 • 解冻后，CART 细胞在室温下的稳定性为 30～90min，具体取决于制造商（请参阅 SmPC 和制造商的说明） • 通常，不需要或不允许进行任何处理步骤（如洗涤、旋转等） • 商业化产品不应采样
准　备	• 如果 CART 细胞在分发前需要加工，需在带有垂直层流的加压准备室中进行注射准备，并且无空气循环，以防止产品的微生物污染并将风险降至最低
向血液科的运输	解冻和给药之间的间隔为 30～90min，取决于制造商，需要精确的时间，包括在专用且明确标识的室温容器中从药房运输到科室的过程 • 警告：特别重要的是要遵守制造商推荐的间隔，因为这涉及二甲基亚砜（dimethyl sulfoxide，DMSO）的存在，DMSO 是一种冷冻保护剂，它会在室温下影响 CART 细胞介质的细胞质量和活力（Li 等，2019） • 在大多数情况下，由于 CART 细胞解冻后的短寿命，建议由药剂师或药房工作人员运输，以避免未能及时给药的风险
在血液科的分发	• 从药房以准备好的可注射形式进行分发，最好是给负责在血液科进行注射的护士，记录分发时间 • 药剂师检查：确保护士具备所有特定的给药设备，特别是包括一个非去白细胞的在线过滤器 • 所有与 CART 细胞产品（固体和液体废物）接触的材料应按照当地生物安全指南和地方及国家法规，作为潜在感染废物和基因改造生物（genetically modified organism，GMO）进行处理和处置

二、给药

在 CAR-T 细胞注射前 5～7 天，开始淋巴清除化疗（Maus 和 June，2016）。建议等待 CAR-T 先进疗法药物接收和合格性检查完成后再进行，以避免在不合格情况下无法给药的情况下不必要地降低患者的淋巴细胞水平。

CAR-T 细胞的给药时间由血液科与药房团队和细胞处理中心协调安排，以确保在最佳条件下完成整个流程而不延误给药。血液科医生提前向患者提供有关整个 CAR-T 过程（包括 CAR-T 细胞输注）的信息并获得其同意。

细胞通过外周或中心导管以 10～20ml/min 的输注速度（重力流）静脉输送，无须预热。使用非白细胞去除在线过滤器。

在一些中心，药剂师会在床旁待命，以应对护士的任何请求，如额外设备的需要。即使不在现场，药剂师也必须在需要时保持快速响应。

住院时间大约为 2 周，但如果出现重大不良事件（如细胞因子释放综合征或神经毒性），可能需要更长时间，甚至需要转移到重症监护室。医院药房的另一个重要职责是根据 SmPC 确保每位接受治疗的患者立即可获得 2 剂托珠单抗（抗 IL-6R 抗体）。

三、接受 CAR-T 细胞治疗的患者：医院药剂师的新任务

CAR-T 细胞治疗的各个步骤凸显了医院药剂师在这一创新性治疗中的重要角色。未来，随着 ATMP 种类和数量的增加，药房组织可能需要进行重大的调整，特别是在场地和设备（如液氮罐和垂直层流罩）方面，以确保各种 ATMP 的正确和安全处理，包括体细胞治疗药物、基因治疗药物（包括 CAR-T 细胞）及其他类别的 ATMP，如无细胞基因治疗药物、组织工程产品和联合药物产品。

关键点

- 高标准的细胞治疗药物由医院药剂师监管。
- 冷冻保存：严格监管的工作环境，确保产品安全，并需要实施严格的措施保护相关工作人员的身体安全。
- 高技术要求，包括对细胞存储地点的 24/7 监控。
- 患者路径：在接收到 CAR-T 细胞后计划进行淋巴清除化疗。
- 接收文件中应注明是否有备用袋可用。
- 整个过程涉及不同的中心，需要良好的沟通能力和多学科协作。

参考文献

[1] Commission Directive 2009/120/EC of 14 September 2009 amending Directive 2001/83/CE of the European Parliament and of the Council on the Community code relating to medicinal products for human use as regards Advanced Therapy Medicinal Products (text with EEA relevance).
[2] June CH, O'Connor RS, Kawalekar OU, Ghassemi S, Milone MC. CAR-T cell immunotherapy for human

cancer. Science. 2018;359(6382):1361-5. https://doi.org/10.1126/science.aar6711.

[3] Li R, Johnson R, Yu G, McKenna DH, Hubel A. Preservation of cell-based immunotherapies for clinical trials. Cytotherapy. 2019;21(9):943-57. Epub 2019 Aug 12. PMID: 31416704; PMCID: PMC6746578. https://doi.org/10.1016/j.jcyt.2019.07.004.

[4] Maus MV, June CH. Making better chimeric antigen receptors for adoptive T-cell therapy. Clin Cancer Res. 2016;22(8):1875-84. https://doi.org/10.1158/1078-0432.CCR-15-1433.

[5] Pinturaud M, Vasseur M, Odou P. Role of the hospital pharmacist in the management of a category of advanced therapy medicinal product: chimeric antigen receptor T-cells. Bull Cancer. 2018;105:S205-13.

[6] Regulation (EC) N̊ 1394/2007 of the European Parliament and of the Council of 13 November 2007 on Advanced Therapy Medicinal Products and amending Directive 2001/83/EC and Regulation (EC) n° 726/2004 (text with EEA relevance), vol 324, 2007. http://data.europa.eu/eli/reg/2007/1394/oj/fra.

第 8 章　CAR-T 细胞的临床生产

Point-of-Care Production of CAR-T Cells

赵翔宇　**译**　　李　萍　**审**

用于临床应用的 CAR-T 细胞被归类为先进疗法药物，其制造过程受到欧洲药品管理局及联邦和地区当局的法律和法规的管辖。CAR-T 细胞必须按照良好生产规范的要求进行生产，并被定义为根据标准化方法在严格控制、可重复和可审计的条件下安全制造的高效产品。尽管大多数 CAR-T 产品是由生物制药公司为患者提供的，但一些研究中心已经开发了床旁的 cGMP CAR-T 制造能力，努力在提高患者对 CAR-T 细胞的获取和简化治疗成本的同时，保持产品质量的严格性。床旁 CAR-T 制造只能在具有适当监管批准的设施中进行。

一、GMP 载体生产

逆转录病毒和慢病毒载体是 CAR-T 细胞制造中最常用的基因递送方法。病毒载体被监管机构视为一种中间试剂，但在制造过程中，建议遵循 cGMP 条件。

载体的制造在 B 级洁净室中的 A 级层流柜内进行，通常使用来自母细胞库（master cell bank，MCB）的 HEK293T 包装细胞系，前提是与洛克菲勒大学有适当的许可协议。MCB 的质量控制见表 8-1（Perpiñá 等，2020）。

非病毒基因转导或基因编辑技术正在临床前和早期临床试验中进行研究（Prommersberger 等，2021）。

载体的制造过程需要 10～14 天，具体步骤如下：首先在培养瓶中扩展包装细胞，然后转移到细胞培养室中，接着使用聚乙烯亚胺（polyethylenimine，PEI）进行质粒转染。转染过程中需要固定数量的编码 CAR、病毒包膜和

gagpol 质粒。转染后，收集含有分泌载体的上清液，使用 0.45μm 膜进行过滤，浓缩后进行透析过滤并冷冻保存分装，分装并存储在 −80℃直至使用。质量控制措施见表 8-2（Castellà 等，2019）。

表 8-1 HEK293T 主细胞库的质量控制

参数	方法	接受标准
外观	目视检查	存在具有细长延伸物的贴壁细胞
无菌性	微生物生长检测	无菌
支原体	PCR	无支原体
外源病毒	PCR	无外源病毒
核型	G 带染色	信息完整
解冻后细胞活力（%）	使用台盼蓝排除法的 Neubauer 计数	＞70%

PCR. 聚合酶链反应

表 8-2 GMP 级病毒生产的质量控制

参数	方法	接受标准
外观	目视检查	黄色液体溶液
病毒滴度	极限稀释	＞3.75×10^7TU/ml
无菌性	微生物生长检测	无菌
支原体	PCR	无支原体
身份确认	PCR	阳性
复制型慢病毒	实时 PCR	无复制型慢病毒

PCR. 聚合酶链反应

二、CAR-T 细胞的制造

CAR-T 细胞的制造过程通常在经过批准的 cGMP 洁净室设施中进行，历时 8～12 天，使用封闭或功能性封闭系统以降低产品污染的风险（Roddie 等，2019；Schubert 等，2019；Castellá 等，2020）。

CAR-T 细胞的起始材料包括来自非动员白细胞单采的 $CD3^+$ T 细胞（见第

6 章）。学术制造商对总核细胞（total nucleated cell，TNC）和 $CD3^+$ T 细胞的白细胞单采要求必须明确规定。例如，海德堡大学的 HD-CAR-1 方案（EudraCT 编号 2016-004808-60）要求 20×10^8 TNC 和 10×10^8 $CD3^+$ T 细胞，这与诺华公司生产 Tisagenlecleucel 的要求类似。在制造前，白细胞单采材料可以进行冷冻保存，但为了缩短制造过程，目前有使用新鲜白细胞单采材料的趋势。

CAR-T 细胞的制造是一个逐步进行的过程，具体步骤见表 8–3。

制造完成后，CAR-T 产品必须符合分析证书中规定的质量控制 / 最终产品规格。虽然参数可能有所不同，但通常根据免疫表型、功能和无菌性评估对 CAR-T 产品进行放行（表 8–4）。规格外产品不能按常规方式放行，其临床使用由治疗医生与监管机构共同决定，并通过 OOS 报告进行告知。

表 8–3　CAR-T 细胞制造方法

步　骤	可能的方法	时间点
步骤 1：T 细胞富集（单采后）（可选）	Ficoll 密度梯度离心；换流法；免疫磁珠分离	第 1 天
步骤 2：使用合成抗原呈递技术进行 T 细胞激活（CD3+/-CD28）（必需）	可溶性单克隆抗体；抗 –CD3/CD28 抗体涂层的顺磁珠；含有纳米基质的聚合物可降解 CD3/28（TransAct ™）	第1天，第2天
步骤 3：T 细胞刺激（必需）	在培养基中添加 IL-2、IL-7 和 IL-15（根据方案）（Hoffmann 等，2018；Gong 等，2019）	从第 1 天开始
步骤 4：使用逆转录病毒或慢病毒 CAR 载体进行基因传递 / 转导（必需）	在某些过程中，使用 Retronectin 或 Vectofusin® 增强转导（可选）	第2天，第3天
步骤 5：T 细胞扩增（必需）	T 烧瓶、培养板或培养袋；生物反应器，如 G-Rex ™ 烧瓶（Wilson Wolf Manufacturing）；Xuri WAVE ™ 生物反应器（GE Life Systems）；CliniMACS Prodigy ™（Miltenyi BioTec）	第 3 天，第 4 天及之后
步骤 6：T 细胞收获和冷冻保存（必需）	冷冻保存方法通常反映了造血细胞定义的过程。方法包括被动冷冻（–80℃冰箱）和受控速率冷冻	第 8 天及之后
步骤 7：CAR-T 细胞质量保证控制和释放测试（必需）	在过程中和结束时的过程控制，以确保产品符合释放标准规范	第 8 天及之后

表 8-4 CAR-T 细胞生物学和微生物学的质量控制

参 数	方 法	接受标准
外观	目视检查	浑浊液体溶液
CAR^+ 细胞（%）[a]	流式细胞术	>20%
$CD3^+$ 细胞（%）	流式细胞术	>70%
细胞活力（%）	使用台盼蓝排除的 Neubauer 细胞计数[b]	>70%
无菌性	微生物生长检测 E.Ph.2.6.1	无细菌 / 真菌
支原体	PCR[c]	无支原体
内毒素	发色原测定	<0.5EU/ml
可选 / 研发（Optional/R&D）		
CAR/CD45RA/CCR7（检测 TE/TEM/TEMRA/TCM/TN 亚群）	流式细胞术	大比例未成熟 T 细胞有利于患者中 CAR-T 细胞的持久效应
细胞毒性	肿瘤 CAR-T 细胞共培养中的 ^{51}Cr 释放测定，通过流式细胞术评估	在 4h 的实验中，以 10 : 1（或更高）的效应 / 靶细胞比例实现>40% 的杀伤率
外源病毒	PCR	无外源病毒
每细胞转基因拷贝数	实时 PCR（Kunz 等，2019；Schubert 等，2020）	<10（范围为 7～15!）拷贝 / 细胞[d]

a. 自动细胞计数器，如 Luna ™，强烈推荐使用
b. 强烈建议使用高特异度检测试剂（如 Miltenyi Detection Reagent ™）区分 CAR-T 细胞和阴性部分
c. 欧洲标准规定使用聚合酶链反应（PCR）方法，与美国法规不同，后者要求使用血清学
d. 在不同国家和产品之间有所不同

关键点

- 床旁 / 去中心化的 CAR-T 细胞制造有望提高患者对 CAR-T 产品的获取。
- 限制因素包括需要当地的 cGMP 设施 / 受训人员，以及缺乏多个地点之间的标准化。
- 潜在的解决方案包括实施标准化的半自动化制造平台，如 Miltenyi CliniMACS Prodigy ™，以及在制造地点间使用统一格式报告的标准化放行检测，以在不同患者之间生产出一致且高质量的产品。

参考文献

[1] Castellà M, et al. Development of a novel anti-CD19 chimeric antigen receptor: a paradigm for an affordable CAR-T cell production at academic institutions. Mol Ther Methods Clin Dev. 2019;12:134-44.

[2] Castellá M, et al. Point-of-care CAR-T cell production (ARI-0001) using a closed semi-automatic bioreactor: experience from an academic phase I clinical trial. Front Immunol. 2020;11:482.

[3] Gong W, Hoffmann JM, Stock S, Wang L, Liu Y, Schubert ML, Neuber B, Hückelhoven-Krauss A, Gern U, Schmitt A, Müller-Tidow C, Shiku H, Schmitt M, Sellner L. Comparison of IL-2 vs IL-7/IL-15 for the generation of NY-ESO-1-specific T cells. Cancer Immunol Immunother. 2019;68(7):1195-209. Epub 2019 Jun 8. https://doi.org/10.1007/s00262-019-02354-4.

[4] Hoffmann J-M, Schubert M-L, Wang L, Hückelhoven A, Sellner L, Stock S, Schmitt A, Kleist C, Gern A, Loskog A, Wuchter A, Hofmann S, Ho AD, Müller-Tidow C, Dreger P, Schmitt M. Differences in expansion potential of naive chimeric antigen receptor T cells from healthy donors and untreated chronic lymphocytic leukemia patients. Front Immunol. 2018;8:1956. https://doi.org/10.3389/fimmu.2017.01956.

[5] Kunz A, Gern U, Schmitt A, Neuber N, Wang L, Hückelhoven-Krauss A, Michels B, Hofmann S, Müller-Tidow C, Dreger P, Schmitt M, Schubert M-L. Optimized assessment of qPCR-based vector copy numbers as a safety parameter for GMP-grade CAR-T cells and monitoring of frequency in patients. Mol Ther Methods Clin Dev. 2019;17:448-54.

[6] Perpiñá U, et al. Cell banking of HEK293T cell line for clinical-grade lentiviral particles manufacturing. Transl Med Comm. 2020;5:22.

[7] Prommersberger S, Reiser M, Beckmann J, Danhof S, Amberger M, Quade-Lyssy P, et al. CARAMBA: a first-in-human clinical trial with SLAMF7 CAR-T cells prepared by virusfree Sleeping Beauty gene transfer to treat multiple myeloma. Gene Ther. 2021;28(9):560-71. https://doi.org/10.1038/s41434-021-00254-w. Epub 2021 Apr 13. PMID: 33846552.

[8] Roddie C, et al. Manufacturing chimeric antigen receptor T cells: issues and challenges. Cytotherapy. 2019;21(3):327-40. https://doi.org/10.1016/j.jcyt.2018.11.009.

[9] Schubert M-L, Schmitt A, Sellner L, Neuber B, Kunz J, Wuchter P, Kunz A, Gern U, Michels B, Hofmann S, Hückelhoven-Krauss A, Kulozik A, Ho AD, Müller-Tidow C, Dreger P, Schmitt M. Treatment of patients with relapsed or refractory CD19+ lymphoid disease with T lymphocytes transduced by RV-SFG. CD19. CD28.4-1BBzeta retroviral vector: a unicentre phase I/II clinical trial protocol. BMJ Open. 2019;9:e026644. https://doi.org/10.1136/bmjopen-2018-026644.

[10] Schubert ML, Kunz A, Schmitt A, Neuber B, Wang L, Hückelhoven-Krauss A, Langner S, Michels B, Wick A, Daniel V, Müller-Tidow C, Dreger P, Schmitt M. Assessment of CAR-T cell frequencies in Axicabtagene Ciloleucel and Tisagenlecleucel patients using duplex quantitative PCR. Cancers (Basel). 2020;12(10):2820.

第 9 章　现货型异体 CAR-T 细胞或其他免疫效应细胞

Off-the-Shelf Allogeneic CAR-T Cells or Other Immune Effector Cells

唐晓文　马云菊　陈　娟　**译**　　曹　江　**审**

从健康供体采集并预先制备的现货型异体 CAR TCRαβ T 细胞和其他免疫效应细胞，如 NK 细胞或 γδT 细胞，可能为自体（细胞治疗）策略提供替代方案。然而，应用这些细胞必须解决 HLA 差异导致的移植物抗宿主病和宿主介导的排斥反应等核心问题。

一、避免 GVHD 的策略

（一）基因编辑的 αβTCR 缺失 T 细胞

减少 TCRαβ 活性的策略包括使用截短的显性负调节 CD3ζ 蛋白（Gilham 等，2018）、蛋白表达阻断剂（PEBL）（Kamiya 等，2018）、小发夹 RNA（Bunse 等，2014）及基因组编辑。后者的平台包括 ZFN、归巢核酸内切酶 / 大范围核酸酶、TALEN、megaTAL、CRISPR/Cas9 和碱基编辑器（base editors，BE）（Depil 等，2020）。使用 TALEN（Servier/Allogene）生产的通用型 TCR 缺失 CAR19 T 细胞的临床试验已经发表（Qasim 等，2017；Benjamin 等，2020），并且 meganuclease（Precision Bio）和 CRISPR 工程的首次应用并已报道（CRISPR Therapeutics）。制备过程中的共同步骤包括用抗 CD3/CD28 抗体激活健康供体 T 细胞，通过电穿孔导入核酸酶和病毒载体转染 CAR 转基因。使用磁珠分离残余的 TCRαβ T 细胞，确保将具有同种异体反应活性 T 细胞的携带量控制在可导致 GVHD 的阈值以下。

（二）病毒特异性 T 细胞

已有研究表明，第三方供体来源的病毒特异性 T 细胞（VST 细胞）在异基因造血干细胞移植中的应用。这些细胞因其有限的病毒特异性受体库和记忆 T 细胞表型，能够诱导较低水平的 GVHD，如表达 CAR19（Curran 等，2011）和抗 -CD30 CAR（Savoldo，2007）的同种异体 EBV 特异性 T 细胞。

（三）替代免疫效应细胞

与移植物抗宿主病无关的免疫效应细胞，如通过慢病毒转导修饰以表达 CAR19 的 NK 细胞，在慢性淋巴细胞白血病（chronic lymphocytic leukaemia，CLL）中已显示出早期疗效（Liu 等，2020）。同样，iNKT 细胞和 γδT 细胞在对抗实体瘤方面可能具有独特优势，但其临床应用经验仍较为有限（Gentles 等，2015）。近期也有报道称，研究人员正在构建具有抗肿瘤特性的 CAR 巨噬细胞（Klichinsky 等，2020）。

二、避免宿主介导的同种异体免疫细胞排斥的策略

除利用第三方供体细胞库进行部分 HLA 配型外，另有两种主要策略来削弱宿主介导的排斥风险。

（一）清除淋巴细胞和免疫抑制抵抗

通过基因组编辑破坏 CD52，CAR-T 细胞能够对 CD52 单克隆抗体产生抗性（Benjamin 等，2020）。尽管长期免疫抑制与严重病毒再激活高风险相关，但这一策略的可取之处在于可抑制所有介导排斥反应的 $CD52^+$ 免疫细胞，如 T 细胞、B 细胞和 NK 细胞。工程化策略也被用来使细胞对钙调神经酶抑制药产生抗性。在制备过程中，可以在电穿孔时同时进行 TCR 位点的编辑及其他多重操作，或者将这些编辑纳入载体设计，并在转导步骤中实现整合。

（二）去除 HLA 以规避宿主免疫

通过破坏 β_2M 基因，可以去除细胞表面的 HLA Ⅰ类分子，从而避免 $CD8^+$ T 细胞介导的免疫排斥。现阶段，研究人员正在进行多重基因编辑实验，以研究 CAR19 T 细胞在该方法中的表现和效果（CRISPR Tx）。理论上，HLA Ⅰ类

分子的完全缺失可能会因“缺失自我”反应而增强 NK 细胞介导的排斥。在模型构建中，可以通过表达非多态性的 HLA 分子，如 HLA-E，来规避这一问题。此外，破坏关键转录因子（如 CIITA 和 RFXANK）可解决因识别活化 T 细胞上的 HLA Ⅱ类引起的排斥（Depil 等，2020）。

三、现货型 CAR 的制备

大多数现货型 T 细胞治疗采用通过白细胞单采术以获取健康供者外周血的单核细胞，全血和脐带血等其他方式亦有应用。未来，免疫效应细胞也可来源于诱导多能干细胞（induced pluripotent stem cells，iPSC）。理论上，iPSC 细胞系具有无限自我更新的能力，可被储存并无限期使用。通常，操作必须在 GMP 级别的洁净室环境下进行，并获许可和监管批准。大多数基因递送和基因工程策略要求细胞处于有丝分裂活跃期，以确保开放的染色质和可及的 DNA，细胞激活在制备早期至关重要。封闭系统的细胞培养和扩增现在已成为标准程序，自动化技术大幅减少了繁重的手动操作步骤。高质量的病毒载体、改进的电穿孔步骤用于基因组编辑及稳定的 mRNA 供应是必不可少的。此外，采用便捷的剂量配方进行冷冻保存、高效的冷链运输和储存，是预制“现货”治疗的关键组成部分。

关键点

- 可以生产无显著 GVHD 风险的现货型同种异体 CAR-T 细胞。
- αβTCR 缺失 CAR-T 细胞和 CAR NK 细胞已成功进入早期临床试验阶段。
- 已开发多种策略以规避宿主对同种异体效应细胞的排斥。

参考文献

[1] Benjamin R, et al. Genome-edited, donor-derived allogeneic anti-CD19 chimeric antigen receptor T cells in paediatric and adult B-cell acute lymphoblastic leukaemia: results of two phase 1 studies. Lancet. 2020;396(10266):1885-94.

[2] Bunse M, et al. RNAi-mediated TCR knockdown prevents autoimmunity in mice caused by mixed TCR dimers following TCR gene transfer. Mol Ther. 2014;22(11):1983-91.

[3] Curran KJ, et al. Validation of donor derived virus specific T-lymphocytes genetically modified to target the CD19 antigen for the treatment of relapsed leukemia. Mol Ther. 2011;19:S90.
[4] Depil S, et al. 'Off-the-shelf' allogeneic CAR-T cells: development and challenges. Nat Rev Drug Discov. 2020;19(3):185-99.
[5] Gentles AJ, et al. The prognostic landscape of genes and infiltrating immune cells across human cancers. Nat Med. 2015;21(8):938-45.
[6] Gilham DE, et al. TCR inhibitory molecule as a promising allogeneic NKG2D CAR-T cell approach. J Clin Oncol. 2018;36(15_suppl):e15042-2.
[7] Kamiya T, et al. A novel method to generate T-cell receptor-deficient chimeric antigen receptor T cells. Blood Adv. 2018;2(5):517-28.
[8] Klichinsky M, et al. Human chimeric antigen receptor macrophages for cancer immunotherapy. Nat Biotechnol. 2020;38(8):947-53.
[9] Liu E, et al. Use of CAR-transduced natural killer cells in CD19-positive lymphoid tumors. N Engl J Med. 2020;382(6):545-53.
[10] Qasim W, et al. Molecular remission of infant B-ALL after infusion of universal TALEN gene-edited CAR-T cells. Sci Transl Med. 2017;9(374):eaaj2013.
[11] Savoldo B. Blood. 2007;110(7):2620-30. https://doi.org/10.1182/blood-2006-11-059139.

第三篇

CAR-T 细胞的临床适应证

Clinical Indications for CAR-T Cells

第 10 章　儿童急性淋巴细胞白血病

Paediatric Acute Lymphoblastic Leukaemia (ALL)

周　芬　**译**　　王　迎　**审**

急性淋巴细胞白血病是儿童和青少年中最常见的恶性疾病，在 15 岁以下的儿童中年发病率为 3/10 万～4/10 万。目前，ALL 的治疗以化疗为主。随着国内外多中心前瞻性、随机临床试验的持续开展，儿童 ALL 的预后显著改善，其 5 年生存率已高达 90% 左右。

然而，仍有 15%～20% 的 ALL 患者会出现疾病复发。复发的患者中，60%～80% 可以通过强化化疗方案获得第二次完全缓解（complete remission，CR）。尽管获得第二次 CR 的概率很高，但早期骨髓复发（即从诊断到复发的时间小于 30 个月）的患者即使接受了异基因干细胞移植（allogeneic stem cell transplantation，allo-SCT）作为巩固治疗，最终预后仍然较差（Locatelli 等，2012）。根据柏林 – 法兰克福 – 明斯特小组（Berlin-Frankfurt-Münster，BFM）的数据，复发患者可以根据复发部位、免疫表型、诊断与复发之间的时间间隔分为不同组别（S1、S2、S3 和 S4），其中 S3 和 S4 组别的患者预后较 S1/S2 组别的差，其生存率仅为 25%～30%（von Stackelberg 等，2011）。最近研究报道，复发患者获得缓解并接受匹配供体移植的患者，生存率可达到 65%～69%（Peters 等，2021）。

对于初次获得 CR 的高危患者或低危复发患者（CR2，S2），常规化疗联合 allo-SCT 可以达到 80% 左右的治愈率（Peters 等，2015，2021）。对于 allo-SCT 后复发的患者，长期生存的可能性较小，存活率仅 15%（Kuhlen 等，2018），若患者能够获得再次的 CR 且身体状况足以接受移植，只有通过第二次 allo-SCT 才有可能实现长期生存。第二次 allo-SCT 具有相当高的毒性和死亡率，治疗时间为 6～8 个月，最终约 30% 的患者能够存活（Yaniv 等，

2018）。

因此，对于以下情况的儿童和青少年，存在未满足的医疗需求。

- 原发性难治性 ALL。
- 治疗后难治性复发性 ALL。
- 第二次 ALL 复发。
- allo-SCT 后复发的患者，以及医学原因使得极高风险 ALL 患者无法进行 allo-SCT。

随着 CD19 靶向 CAR-T 细胞疗法的引入，这些患者成为临床研究的候选者，并最终成为不同 CAR-T 细胞产品的许可试验候选者（Maude 等，2018）。针对年龄在 25 岁以下的难治复发 ALL 患者，目前 FDA 和 EMA 已批准了一种 CAR-T 细胞产品。只要属于上述任何一种情况的儿童、青少年和年轻成人，有适应证就可以使用 CAR-T 细胞疗法。这些患者是否是最适合从新型治疗方案中获益的候选人群，仍有待验证。目前已经计划开展前瞻性研究，其中一些研究已经开始探讨，如果在疾病早期阶段对患者进行治疗，是否能够使 CAR-T 细胞治疗获得最佳效果。

关键点

- 第二次复发、难治性 ALL 或 allo-SCT 后复发的 ALL 患者可能适合接受 CD19 CAR-T 细胞疗法。
- 需要有效的淋巴清除化疗以允许 CAR-T 细胞的扩增。
- 可测量的微小残留病（minimal residual disease，MRD）水平可能与 CAR-T 反应和持久缓解相关。

参考文献

［1］ Kuhlen M, Willasch AM, Dalle JH, Wachowiak J, Yaniv I, Ifversen M, Sedlacek P, Guengoer T, Lang P, Bader P, Sufliarska S, Balduzzi A, Strahm B, von Luettichau I, Hoell JI, Borkhardt A, Klingebiel T, Schrappe M, von Stackelberg A, Glogova E, Poetschger U, Meisel R, Peters C. Outcome of relapse after allogeneic HSCT in children with ALL enrolled in the ALL-SCT 2003/2007 trial. Br J Haematol. 2018;180(1):82-9. Epub 2017 Nov 28. https://doi.org/10.1111/bjh.14965.

[2] Locatelli F, Schrappe M, Bernardo ME, Rutella S. How I treat relapsed childhood acute lymphoblastic leukemia. Blood. 2012;120(14):2807-16. Epub 2012 Aug 15. https://doi.org/10.1182/blood-2012-02-265884.

[3] Maude SL, Laetsch TW, Buechner J, Rives S, Boyer M, Bittencourt H, Bader P, Verneris MR, Stefanski HE, Myers GD, Qayed M, De Moerloose B, Hiramatsu H, Schlis K, Davis KL, Martin PL, Nemecek ER, Yanik GA, Peters C, Baruchel A, Boissel N, Mechinaud F, Balduzzi A, Krueger J, June CH, Levine BL, Wood P, Taran T, Leung M, Mueller KT, Zhang Y, Sen K, Lebwohl D, Pulsipher MA, Grupp SA. Tisagenlecleucel in children and young adults with B-cell lymphoblastic leukemia. N Engl J Med. 2018;378(5):439-48. PMID: 29385370; PMCID: PMC5996391. https://doi.org/10.1056/NEJMoa1709866.

[4] Peters C, Schrappe M, von Stackelberg A, Schrauder A, Bader P, Ebell W, Lang P, Sykora KW, Schrum J, Kremens B, Ehlert K, Albert MH, Meisel R, Matthes-Martin S, Gungor T, Holter W, Strahm B, Gruhn B, Schulz A, Woessmann W, Poetschger U, Zimmermann M, Klingebiel T. Stem-cell transplantation in children with acute lymphoblastic leukemia: a prospective international multicenter trial comparing sibling donors with matched unrelated donors-the ALL-SCT-BFM-2003 trial. J Clin Oncol. 2015;33(11):1265-74. Epub 2015 Mar 9. https://doi. org/10.1200/JCO.2014.58.9747.

[5] Peters C, Dalle JH, Locatelli F, Poetschger U, Sedlacek P, Buechner J, Shaw PJ, Staciuk R, Ifversen M, Pichler H, Vettenranta K, Svec P, Aleinikova O, Stein J, Güngör T, Toporski J, Truong TH, Diaz-de-Heredia C, Bierings M, Ariffin H, Essa M, Burkhardt B, Schultz K, Meisel R, Lankester A, Ansari M, Schrappe M, IBFM Study Group, von Stackelberg A, IntReALL Study Group, Balduzzi A, I-BFM SCT Study Group, Corbacioglu S, EBMT Paediatric Diseases Working Party, Bader P. Total body irradiation or chemotherapy conditioning in childhood ALL: a multinational, randomized, noninferiority phase Ⅲ study. J Clin Oncol. 2021;39(4):295-307. Epub 2020 Dec 17. https://doi.org/10.1200/JCO.20.02529.

[6] von Stackelberg A, Völzke E, Kühl JS, Seeger K, Schrauder A, Escherich G, Henze G, Tallen G, ALL-REZ BFM Study Group. Outcome of children and adolescents with relapsed acute lymphoblastic leukaemia and non-response to salvage protocol therapy: a retrospective analysis of the ALL-REZ BFM Study Group. Eur J Cancer. 2011;47(1):90-7. Epub 2010 Oct 20. https://doi.org/10.1016/j.ejca.2010.09.020.

[7] Yaniv I, Krauss AC, Beohou E, Dalissier A, Corbacioglu S, Zecca M, Afanasyev BV, Berger M, Diaz MA, Kalwak K, Sedlacek P, Varotto S, Peters C, Bader P. Second hematopoietic stem cell transplantation for post-transplantation relapsed acute leukemia in children: a retrospective EBMT-PDWP study. Biol Blood Marrow Transplant. 2018;24(8):1629-42. Epub 2018 Mar 13.

第 11 章　成人急性淋巴细胞白血病

Adult Acute Lymphoblastic Leukaemia

王　迎　**译**　　周　芬　**审**

急性淋巴细胞白血病是一种淋巴祖细胞恶性肿瘤，发病率具有双峰特征，分别在儿童早期和老年阶段达到高峰。在儿童患者，ALL 的预后通常较好，超过 85% 的患儿能够获得长期生存。年轻成人患者的预后也有了显著改善。然而，随着年龄的增长，总生存率下降（Dores 等，2012），部分原因是成人 ALL 的遗传背景不同，相比于儿童 ALL，成人 ALL 中 Philadelphia 染色体阳性（Ph^+）ALL、Ph-like 和 KMT2A 重排的患者比例较高（Iacobucci 和 Mullighan，2017）。虽然引入了以儿童为基础的治疗方案改善了成人 ALL 的预后，但这些方案在老年患者中耐受性较差（Curran 和 Stock，2015）。

ALL 的标准一线治疗包括皮质类固醇激素、多药化疗、抗代谢药物治疗和鞘内治疗。诱导后，进行巩固和维持治疗。在高危病例中，应在第一次缓解期间进行异基因造血干细胞移植（allogeneic haematopoietic stem-cell transplantation，allo-HSCT）。复发 ALL 患者单纯化疗疗效有限（Frey 和 Luger，2015）。新型药物，如靶向 CD22 的抗体药物偶联物奥加伊妥珠单抗和双特异性抗体结合剂 Blinatumomab（靶向 CD19 和 CD3），可以提高缓解率，但总生存率仍然较低（Kantarjian 等，2016，2017）。前期未进行移植的患者，复发治疗后通常序贯 allo-HSCT。对于两线或多线治疗无效的难治性 ALL 病例，可考虑 CAR-T 细胞治疗。

一、成人 ALL 的 CAR-T 细胞治疗

截至 2021 年，尚无监管机构批准某种 CAR-T 细胞产品用于 25 岁以上的成人 ALL 患者。18—25 岁的年轻成人且符合 Tisagenlecleucel 治疗条件的患者

被纳入了关键的 ELIANA 研究（Maude 等，2018）。其他以儿童为重点研究对象的单中心研究也包括了年轻成年患者。仅有少数研究小组报道了成人 ALL 的临床试验（表 11-1）。大多数试验纳入的患者数量较少，通常为更年轻成人，可能代表了选择性患者群体。无论细胞遗传学背景、前期治疗和年龄，试验中的患者缓解率均较高，超过 70% 的患者获得完全缓解。偶尔，反应率会作为意向治疗报告，指所有纳入患者，而不仅仅是接受 CAR-T 细胞治疗的患者。

在所有试验中，治疗毒性都是一个重要问题。通过在第 0 天给予部分剂量，剩余剂量在之后几天分批次给予的剂量拆分法被证明更安全（Frey 等，2019；Park 等，2018）。一些研究小组还对高肿瘤负荷的患者使用较低的剂量以预防毒性（Roddie 等，2020）。其他增强安全性的替代方法包括提前使用托珠单抗和低剂量类固醇激素（Gardner 等，2019；Kadauke 等，2021；Liu 等，2020）。使用新型低亲和力 CD19 CAR-T 细胞也与较低的毒性相关（Ghorashian 等，2019；Roddie 等，2020）。

在成人 ALL 患者中，与更高缓解率和更好的长生存相关的预后因素包括通过骨髓原始细胞计数评估的较低的疾病负荷、较低的乳酸脱氢酶（lactate dehydrogenase，LDH）和淋巴清除化疗方案前较高血小板计数（Hay 等，2019；Park 等，2018）。由于从检测到复发到 CAR-T 细胞输注之间存在时间延迟，在许多情况下，需要进行桥接治疗。但最佳的桥接治疗方案尚未统一。

建议在桥接治疗后和 CAR-T 细胞输注前评估白血病负荷，因为与较低疾病负荷或者只存在微小残留病的患者相比，高疾病负荷的患者预后更差。之前接受 Blinatumomab 治疗的 ALL 患者疗效可能较差（Pillai 等，2019），虽然这可能代表选择了更加耐药的患者群体。TP53 突变与较差的预后相关。此外，氟达拉滨和环磷酰胺的淋巴清除化疗方案在成人疗效优于单独使用环磷酰胺，这与儿童的治疗结果相似。

很多试验报道了 CAR-T 细胞治疗后通过流式细胞术确定的 MRD 状态，结果显示几乎都为 MRD（基于流式细胞术）阴性的完全缓解。通过聚合酶链反应（Polymerase chain reaction，PCR）或二代测序（next-generation sequencing，NGS）进行的 MRD 分子学检测更为灵敏，CAR-T 细胞治疗后达到 NGS-MRD 阴性的患者长期预后明显改善（Hay 等，2019）。

表 11-1 CAR-T 细胞治疗成人急性淋巴细胞白血病的临床试验结果

组别	*n*	LD	构建	剂量	CR（%）	CR 患者 MRD 转阴率	巩固治疗	备注
U.Penn（Frey 等）	35	Cy（300×6，*n*=25），Flu/Cy（*n*=5），其他（*n*=3），无（*n*=2）	FMC63-41BBz	5×10^8 单次 / 分次	24（69%）	100%（流式细胞术）	HSCT（*n*=9），无（*n*=15）	2 年总生存率 47%；剂量分次更安全
FHCRC（Hay 等）	53	Cy（*n*=11）vs. Flu/Cy（*n*=42）	FMC63-41BBz 在 CD4：CD8 固定比例	2×10^5/kg（*n*=33），2×10^6/kg（*n*=20）	45（85%）	100%（流式细胞术），71%（20/28，NGS）	HSCT（*n*=18），无（*n*=27）	LD 前低 LDH 和高血小板水平可改善预后；应答者中位总生存期 20 个月
MSKCC（Park 等）	53	Cy（3g/m^2，*n*=43），Flu/Cy（*n*=10）	MSKCC-28z	（1～3）$\times10^6$/kg	44（83%）	72%（32/44）	HSCT（*n*=17），无（*n*=26），其他（*n*=1）	中位生存期 12.9 个月
Beijing（Dai 等）	6	Flu/Cy	CD19/22（m971/FMC63）-41BBz	（1.7～3）$\times10^6$/kg	6（100%）	100%		3 例患者复发，随访时间短
UCL AUTO1（Roddie 等）	19	Flu/Cy	CAT-41BBz	（10～100）$\times10^6$	16（84%）	100%	HSCT（*n*=2），无（*n*=14）	
Lu Daopei（Zhang 等）	110（39 例成人）	Flu/Cy	CD19-28z（*n*=21），CD19-41BBz（*n*=89）	（1～10）$\times10^6$/kg	102（92%）	94%	HSCT（*n*=75），无（*n*=27）	TP53 突变患者预后差

n. 患者数量；LD. 淋巴清除化疗；CR. 完全缓解；MRD. 微小残留病；HSCT. 造血干细胞移植

二、CAR-T 细胞治疗后的巩固治疗

尽管在儿童患者，CAR-T 细胞被用作复发 ALL 最终治疗手段，但在成人患者中数据尚存争议。接受以 CD28 为共刺激分子的 CAR-T 细胞进行治疗的患者，由于体内细胞持续时长较短，即使接受异基因造血干细胞移植也并未改善预后（Park 等，2018）。相反，接受 CLT019 治疗的成人患者在 CAR-T 细胞治疗后 CR 期间进行移植，则显示出更好的结果（Frey 等，2019）。一些中心建议，即使在达到 MRD 阴性缓解的情况下，成人 ALL 患者在 CAR-T 细胞治疗后仍应进行 allo-HSCT（Hay 等，2019；Zhang 等，2020；Zhao 等，2020）。那些在 CAR-T 细胞治疗后出现分子学 MRD 阳性、体内 CAR-T 细胞快速耗竭的患者，以及之前未接受过 HSCT 的患者，是适合进行巩固性 HSCT 的候选者（Jacoby，2019；Jiang 等，2020）。

三、CAR-T 细胞治疗后的复发

在 CAR-T 细胞治疗后，30%～50% 的患者会出现复发。在 CAR-T 细胞持续存在的情况下，近 40% 的复发患者不再表达 CD19。如果 CAR-T 细胞较早耗竭，则可能依然保持 CD19 表达。在 CAR-T 细胞治疗后复发或 CAR-T 细胞难治性 ALL 患者中，第二次给予 CAR-T 细胞治疗疗效有限（Gauthier 等，2020）。其他疗法，如基于新型抗体的治疗或靶向其他抗原的 CAR-T 细胞，是可选方案。

关键点

- 没有 CAR-T 细胞产品被批准用于年龄超过 25 岁的 ALL 患者。
- 成人 ALL 的临床试验数据有限。
- 在 ALL 的 MRD 阳性状态下使用 CAR-T 细胞有效性和耐受性更好。
- 在成人患者中，CAR-T 细胞治疗后的巩固性 HSCT 仍存在争议。

参考文献

[1] Curran E, Stock W. How I treat acute lymphoblastic leukemia in older adolescents and young adults. Blood. 2015;125:3702-10. https://doi.org/10.1182/blood-2014-11-551481.

[2] Dores GM, Devesa SS, Curtis RE, Linet MS, Morton LM. Acute leukemia incidence and patient survival among children and adults in the United States, 2001-2007. Blood. 2012;119:34-43. https://doi.org/10.1182/blood-2011-04-347872.

[3] Frey NV, Luger SM. How I treat adults with relapsed or refractory Philadelphia chromosome-negative acute lymphoblastic leukemia. Blood. 2015;126:589-96. https://doi.org/10.1182/blood-2014-09-551937.

[4] Frey NV, Shaw PA, Hexner EO, Pequignot E, Gill S, Luger SM, et al. Optimizing chimeric antigen receptor T-cell therapy for adults with acute lymphoblastic leukemia. J Clin Oncol. 2019;38:415-22.

[5] Gardner RA, Ceppi F, Rivers J, Annesley C, Summers C, Taraseviciute A, et al. Preemptive mitigation of CD19 CAR-T cell cytokine release syndrome without attenuation of antileukemic efficacy. Blood. 2019;134:2149-58. https://doi.org/10.1182/blood.2019001463.

[6] Gauthier J, Bezerra ED, Hirayama AV, Fiorenza S, Sheih A, Chou CK, et al. Factors associated with outcomes after a second CD19-targeted CAR-T cell infusion for refractory B cell malignancies. Blood. 2020;137:323-35. https://doi.org/10.1182/blood.2020006770.

[7] Ghorashian S, Kramer AM, Onuoha S, Wright G, Bartram J, Richardson R, et al. Enhanced CAR-T cell expansion and prolonged persistence in pediatric patients with ALL treated with a low-affinity CD19 CAR. Nat Med. 2019;25(9):1408-14. https://doi.org/10.1038/s41591-019-0549-5.

[8] Hay KA, Gauthier J, Hirayama AV, Voutsinas JM, Wu Q, Li D, et al. Factors associated with durable EFS in adult B-cell ALL patients achieving MRD-negative CR after CD19 CAR-T cells. Blood. 2019;133:1652-63. https://doi.org/10.1182/blood-2018-11-883710.

[9] Iacobucci I, Mullighan CG. Genetic basis of acute lymphoblastic leukemia. J Clin Oncol. 2017;35:975-83. https://doi.org/10.1200/JCO.2016.70.7836.

[10] Jacoby E. The role of allogeneic HSCT after CAR-T cells for acute lymphoblastic leukemia. Bone Marrow Transplant. 2019;54:810-4. https://doi.org/10.1038/s41409-019-0604-3.

[11] Jiang H, Hu Y, Mei H. Consolidative allogeneic hematopoietic stem cell transplantation after chimeric antigen receptor T-cell therapy for relapsed/refractory B-cell acute lymphoblastic leukemia:who? when? why? Biomark Res. 2020;8:66. https://doi.org/10.1186/s40364-020-00247-8.

[12] Kadauke S, Myers RM, Li Y, Aplenc R, Baniewicz D, Barrett DM, et al. Risk-adapted preemptive tocilizumab to prevent severe cytokine release syndrome after CTL019 for pediatric B-cell acute lymphoblastic leukemia: a prospective clinical trial. J Clin Oncol. 2021;39(8):920-30. https://doi.org/10.1200/jco.20.02477.

[13] Kantarjian HM, DeAngelo DJ, Stelljes M, Martinelli G, Liedtke M, Stock W, et al. Inotuzumab Ozogamicin versus standard therapy for acute lymphoblastic leukemia. N Engl J Med. 2016;375:740-53. https://doi.org/10.1056/NEJMoa1509277.

[14] Kantarjian H, Stein A, Gökbuget N, Fielding AK, Schuh AC, Ribera J-M, et al. Blinatumomab versus chemotherapy for advanced acute lymphoblastic leukemia. N Engl J Med. 2017;376:836-47. https://doi.org/10.1056/NEJMoa1609783.

[15] Liu S, Deng B, Yin Z, Pan J, Lin Y, Ling Z, et al. Corticosteroids do not influence the efficacy and kinetics of CAR-T cells for B-cell acute lymphoblastic leukemia. Blood Cancer J. 2020;10:20-3. https://doi.org/10.1038/s41408-020-0280-y.

[16] Maude SL, Latesch T, Buechner J, Rives S, Boyer M, Bittencourt H, et al. Tisagenlecleucel in children and young adults with B-cell lymphoblastic leukemia. N Engl J Med. 2018;378:439-48. https://doi.org/10.1056/NEJMoa1709866.

[17] Park JH, Rivière I, Gonen M, Wang X, Sénéchal B, Curran KJ, et al. Long-term follow-up of CD19 CAR-therapy in acute lymphoblastic leukemia. N Engl J Med. 2018;378:449-59. https://doi.org/10.1056/NEJMoa1709919.

[18] Pillai V, Muralidharan K, Meng W, Bagashev A, Oldridge DA, Rosenthal J, et al. CAR-T cell therapy is effective for CD19-dim B-lymphoblastic leukemia but is impacted by prior blinatumomab therapy. Blood Adv. 2019;3:3539-49. https://doi.org/10.1182/bloodadvances.2019000692.

[19] Roddie C, O'Reilly MA, Marzolini MAV, Wood L, Dias J, Cadinanos Garai A, et al. ALLCAR19: updated data using AUTO1, a novel fast-off rate CD19 CAR in relapsed/refractory B-cell acute lymphoblastic Leukaemia and other B-cell malignancies. Blood. 2020;136:3-4. https://doi. org/10.1182/blood-2020-137768.

[20] Zhang X, Lu XA, Yang J, Zhang G, Li J, Song L, et al. Efficacy and safety of anti-CD19 CAR-T cell therapy in 110 patients with B-cell acute lymphoblastic leukemia with high-risk features. Blood Adv. 2020;4:2325-38. https://doi.org/10.1182/bloodadvances.2020001466.

[21] Zhao H, Wei J, Wei G, Luo Y, Shi J, Cui Q, et al. Pre-transplant MRD negativity predicts favorable outcomes of CAR-T therapy followed by haploidentical HSCT for relapsed/refractory acute lymphoblastic leukemia: a multi-center retrospective study. J Hematol Oncol. 2020;13:1-13. https://doi.org/10.1186/s13045-020-00873-7.

第12章 弥漫性大B细胞淋巴瘤和原发性纵隔淋巴瘤

Diffuse Large B Cell Lymphoma and Primary Mediastinal Lymphoma

梅 恒 刘 林 **译** 胡永仙 **审**

对于在任何时间未对经典免疫化疗方案产生反应或在化疗后1年内复发的大B细胞淋巴瘤患者，预后较差。Scholar-One研究显示，这些患者的长期无事件生存率低于20%（Crump等，2017）。CAR-T细胞治疗的引入是这些患者的一项重要进展，为30%～40%的患者提供了长期缓解和治愈的可能性（表12-1）（Abramson等，2020；Neelapu等，2017；Schuster等，2019b）。迄今为止，在欧洲，有两种产品（Axicabtagene ciloleucel和Tisagenlecleucel）获得了欧洲药品管理局的许可，第三种产品（Lisocabtagene maraleucel）将在2022年上市。所有这些产品均被许可用于至少两种全身治疗失败的患者。尽管这个初步定义范围广泛，但它涵盖了可能适用CAR-T细胞治疗的各种情况。以下考虑可以进一步定义应作为下一步治疗方案提供CAR-T细胞的患者群体。最近，三项随机Ⅲ期临床研究的结果报道了在移植适应证患者中比较CD19-CAR-T与标准治疗的效果。使用Tisa-cel的BELINDA试验未能达到其主要终点无事件生存率（event-free survival，EFS）（Bishop等，2021）。而ZUMA-7使用构建的Axi-cel和TRANSFORM使用Liso-cel的两项研究在其主要终点EFS及关键次要终点无进展生存期（progression-free survival，PFS）和总缓解率（overall response rate，ORR）方面均获得了阳性结果（Kamdar等，2021；Locke等，2021）。在这两项研究中，关于总生存率（overall survival，OS）都观察到了强烈的积极结果趋势，风险比分别为0.72和0.51。TRANSFORM的中位观察时间较短，因此关于 OS 的结果尚不成熟。在这两项研究中，CAR-T 细胞治疗在生活质量方面相比自体干细胞移植（autologous stem cell transplantation，ASCT）显示出了显著的优势。在移植适应证患者中，使用其中一种抗 CD19 CAR-T 疗法作为复发 / 难治性 LBCL 的二线治疗应被视为标准治疗。

表 12-1　抗 -CD19 CAR-T 细胞治疗的关键试验结果

参考文献	Axi-cel ZUMA 1	Tisa-cel JULIET	Liso-cel TRANSCEND
n（输注患者数 vs. 单采患者数）	101/111（91%）	115/167（69%）	294/344（85%）[a]
年龄	58（23—76）	56（22—76）	63（18—86）
既往治疗线数（中位数）	3（1～8）	2（1～6）	3（1～8）
患者耐药性（%）	78（77%）	61（55%）	181（67%）
过渡治疗（%）	0	92	59
总缓解率（%）	82	52	73
完全缓解率（%）	54	32	53
无进展生存期（%）	41	31	44（1 年）
治疗相关死亡率（%）	4	0	3

a. 25 名患者接受了不符合要求的产品

一、患者群体的考虑：淋巴瘤特异性方面

（一）治疗史

根据临床风险因素，5%～50% 的 LBCL 患者可能无法对标准一线免疫化疗产生反应（Coiffier 等，2010；Cunningham 等，2013；Pfreundschuh 等，2011；Schmitz 等，2012）。总体而言，30%～40% 的患者需要挽救治疗。符合高剂量化疗的患者目前接受含铂的挽救方案，随后是高剂量化疗和自体干细胞移植（autologous stem cell transplantation，autoSCT）。简单来说，缓解率为 35%～50%，autoSCT 后的失败率约为 50%，因此，整体长期无事件生存率在 25% 左右。因此，大约 75% 的复发 / 难治性侵袭性 B 细胞淋巴瘤年轻患者在理论上适合接受 CAR-T 细胞治疗。所有在二线挽救治疗后未获得缓解的年轻

且身体状况良好的患者都应考虑接受 CAR-T 细胞治疗。

对于复发 / 难治性 LBCL 的老年患者来说，二线治疗的结果较差。对一项大型随机一线研究中患者的次生总生存率分析显示，原发性难治性疾病的患者从未获得长期缓解，中位总生存期不到 6 个月（Glass 等，2017）。20%～30% 的患者可以通过含铂或苯达莫司汀的方案，如 R- 吉西他滨 - 奥沙利铂，诱导缓解。然而，由于缺乏有效的巩固治疗，所有系列的长期结果都较差（Dhanapal 等，2017; Franch-Sarto 等，2019）。在三项关键的 CD19 CAR-T 试验中，23%～42% 的患者年龄≥65 岁，目前没有证据表明老年患者在缓解率和 PFS 方面的 CAR-T 细胞疗效较差（Neelapu，Schuster，Abramson）。在现实世界的系列中，老年患者的比例更高，并且有证据显示毒性增加，特别是神经毒性，但疗效似乎至少相等（Pasquini CIBMTR，Nastoupil）。

因此，对于在两种系统治疗线后不适合移植但身体状况良好的复发 / 难治性侵袭性 B 细胞淋巴瘤患者，应讨论 CAR-T 细胞治疗的选项。

（二）缓解状态和 CAR-T 细胞输注前的肿瘤负荷

CAR-T 细胞已在难治性和早期复发性疾病的患者中进行了评估。在三种获许可的 CAR-T 产品的关键研究中，难治性患者的比例为 52%～79%。在这些研究中，对最后一线化疗难治性并不是一个显著的预后因素。因此，与自体或异基因 SCT 不同，达到缓解并不是应用 CAR-T 细胞治疗的先决条件。然而，关键临床研究和第一份现实世界证据报道指出，淋巴清除治疗前的高肿瘤体积 [通过肿瘤最大径乘积总和（sum of product of diameters，SPD）或单纯的 LDH 升高反映] 是一个显著的负面预后因素，与持续完全缓解率或 PFS 相关的风险比为 3.0（Nastoupil 等，2020）。此外，疾病快速进展的患者通常对过渡治疗的尝试无反应，而需要系统性过渡治疗是反应和生存的负面预测因素。

在讨论 CAR-T 细胞治疗对个别患者的价值时，必须考虑这个参数，即 CAR-T 细胞输注前的疾病控制。然而，这个参数也会影响任何替代治疗的结果，CAR-T 细胞治疗不能实现长期缓解且不应提供的点仍存在争议。

（三）组织学

ZUMA-1、JULIET 和 TRANSCEND 研究中的大多数患者为弥漫性大 B 细胞淋巴瘤（分别为 76%、80% 和 64%）; 16%～22% 的病例为转化性滤泡性淋巴瘤，只有少数原发性纵隔大B细胞淋巴瘤（primary mediastinal large B-cell lymphoma，PMBCL）患者（ZUMA-1中8%，TRANSCEND中6%）被纳入。对于双打击/三打击（double-hit/triple-hit，DH/TH）淋巴瘤的数据并不适用于所有患者。在特定亚组中，反应率或PFS没有显著差异。

二、患者群体的考虑：患者特异性方面

CAR-T细胞治疗可能导致异常且有时严重的急性毒性反应，其中细胞因子释放综合征和免疫效应细胞相关神经毒性综合征（immune effector cell-associated neurotoxicity syndrome，ICANS）是最重要的。这些毒性通常发生在输注后的第2～10天之间，并可能持续数天到数周。治疗相关的死亡率是罕见的，在大多数情况下，毒性是可逆的。其他重要的不良反应包括严重的中性粒细胞减少症，可能持续数周至数月，以及长期的B细胞耗竭和低丙种球蛋白血症，这是靶向非肿瘤的毒性反应。与在这种情况下应用的其他治疗方式（如异基因干细胞移植）相关的发病率和死亡率相比，CAR-T细胞相关毒性对总体结果的影响是适中的。有观点认为，CAR-T细胞治疗在毒性方面的良好结果是由于关键研究的严格资格标准，但对CAR-T细胞治疗在现实世界中的应用数据的最新分析显示，即使是老年和合并症较多的患者接受治疗，疗效和毒性也相似（Nastoupil等，2020）。CAR-T细胞治疗后的治疗相关死亡率（treatment-related mortality，TRM）风险因素尚未明确，从其他治疗选择中得出结论可能难以直接应用于CAR-T细胞治疗。最好的近似方法可能是使用高剂量化疗的合并症指数及其在接受autoSCT患者中的结果。在这样的分析中，高剂量治疗（high-dose therapy，HDT）相关的非复发性死亡率（non-relapse mortality，NRM）在1年后为3.3%～7.7%（Berro等，2017），这与CAR-T细胞治疗后观察到的情况（治疗相关死亡率＜5%）一致。

（一）替代治疗

过去，对于化疗难治性患者，在额外的挽救治疗后，异基因干细胞移植是唯一的巩固治疗选择。最近，抗体－药物偶联物和双特异性抗体在这里讨论的患者群体中显示了有趣的结果。波妥珠单抗维多辛（Polatuzumab vedotin）是这些药物中的第一种，已在欧洲和美国获得许可。未来，许多其他药物可能会进入这一领域。将CAR-T细胞治疗与这些新治疗选项相结合，将是未来的

一个主要任务。

（二）异基因干细胞移植

过去，allo-SCT 主要用于自体干细胞移植后复发的患者，相关数据来自国际登记处（Fenske 等，2016；van Kampen 等，2011）。一项针对高危侵袭性淋巴瘤患者的前瞻性临床试验显示，4 年后的 PFS 和 OS 分别为 39% 和 40%（Glass 等，2014）。考虑到研究和登记数据之间间接比较治疗结果时可能存在的偏差，大体可以说，在许多异基因干细胞移植的系列中，关于无进展生存的总体结果可能与 CAR-T 细胞治疗相当。然而，抗淋巴瘤效应与毒性之间的平衡与 CAR-T 细胞治疗显著不同。任何年龄组患者在异基因干细胞移植后的治疗相关死亡率和发病率都显著更高。因此，目前，即使是适合进行 allo-SCT 的患者，首先应提供 CAR-T 细胞治疗。对于 CAR-T 细胞治疗失败但对挽救治疗有反应的患者，异基因 SCT 仍然是应考虑的治疗方式。

（三）抗体 – 药物偶联物

波妥珠单抗维多辛是第一种获批用于至少一种先前治疗失败后不适合移植的 DLBCL 患者的 ADC。在关键的随机 Ⅱ 期研究（Sehn 等，2020a）和最近报道的扩展队列（Sehn 等，2020b）中，所治疗的患者群体与大多数 CAR-T 细胞研究中的人群相当。最佳总缓解率为 57.9%，完全缓解率为 52.6%。一些反应似乎在治疗结束后仍在持续。鉴于患者数量有限和观察时间有限，可以估计 15%～20% 的患者可能在 2 年后仍处于持续缓解状态。因此，其作为治愈性治疗的潜力很小，如果存在的话，需要更长的随访时间和其他前瞻性临床试验的验证。ADC 如波妥珠单抗维多辛，可能是实现 CAR-T 细胞应用前疾病控制的良好候选者，这称为桥接方法。波妥珠单抗被批准与苯达莫司汀联合使用，而苯达莫司汀是一种具有极高 T 细胞毒性的药物。在自体 T 细胞单采用于 CAR-T 细胞生产之前，应避免使用苯达莫司汀。

（四）双特异性抗体

一些双特异性 T 细胞结合抗体使用 CD20 抗原作为淋巴瘤特异性靶点，CD3 作为 T 细胞结合位点，已显示出非常令人鼓舞的结果（表 12–2）（Bannerji 等，2020；Hutchings 等，2020a，2020b；Schuster 等，2019a）。一些药物的反应率很高，毒性相当有限。然而，观察时间仍然较短，尚无 PFS 的数据。到目前为止，获得 CR 的患者的缓解持续时间（duration of response，DOR）特别好，与 CAR-T 细胞试验中观察到的范围相同。双特异性抗体可能具有在不需要进一步巩固治疗的情况下诱导持久缓解的潜力，但这种治疗通常持续给药，直到出现进展或毒性。一旦在常规实践中可用，它们与 CAR-T 细胞相比的差异性治疗指征将成为一个重要的临床挑战，并且最好在头对头的临床试验中进行调查。

表 12-2　侵袭性 B 细胞非霍奇金淋巴瘤（B-cell non-hodgkin lymphoma，B-NHL）二线治疗的前瞻性随机试验结果

研　究	挽救方案	ORR（%）		PFS/EFS		OS（%）		随访（FU）	参考文献
CORAL	R-DHAP	62.8	51[a]	42%	21%[a] EFS	51%	40%[a]	3 年	Gisselbrecht 等，2010
	R-ICE	63.5		31%		47%			
NCIC-CTG LY.12[b]	R-DHAP	44.1		26% EFS		39%		4 年	Crump 等，2014
	R-GDP	45.1		26% EFS		39%			
ORCHARD	R-DHAP	42		26%		38%		2 年	van Imhoff 等，2017
	O-DHAP	38		24%		41%			

a. 结果来自接受利妥昔单抗作为一线治疗的患者

b. 该研究包括 8% 的 T 细胞淋巴瘤患者；67% 的患者之前接受过利妥昔单抗治疗

关键点

- 对于患有 LBCL 的患者，包括转化性滤泡性淋巴瘤（transformed follicular lymphoma，t-FL）和 PMBCL，如果在经过两条或以上系统治疗后出现复发 / 难治性疾病，应考虑使用 CD19 CAR-T 细胞治疗。
- 没有年龄上限，但患者应在身体健康状况、心脏功能及其他器官功能方面符合资格标准。
- 高 LDH 水平和疾病快速进展的患者获益的可能性较小。

参考文献

[1] Abramson JS, Palomba ML, Gordon LI, Lunning MA, Wang M, Arnason J, et al. Lisocabtagene maraleucel for patients with relapsed or refractory large B-cell lymphomas (TRANSCEND NHL 001): a multicentre seamless design study. Lancet. 2020;396:839-52.

[2] Bannerji R, Allan JN, Arnason JE, Brown JR, Advani R, Ansell SM, et al. Odronextamab (REGN1979), a human CD20 x CD3 bispecific antibody, induces durable, complete responses in patients with highly refractory B-cell non-Hodgkin lymphoma, including patients refractory to CAR-T therapy. Blood. 2020;136:42-3.

[3] Berro M, Arbelbide JA, Rivas MM, Basquiera AL, Ferini G, Vitriu A, et al. Hematopoietic cell transplantation-specific comorbidity index predicts morbidity and mortality in autologous stem cell transplantation. Biol Blood Marrow Transplant. 2017;23:1646-50.

[4] Bishop MR, Dickinson M, Purtill D, Barba P, Santoro A, Hamad N, et al. Second-Line tisagenlecleucel or standard care in aggressive B-Cell lymphoma. N Engl J Med. 2021. Dec 14, Online ahead of print.

[5] Coiffier B, Thieblemont C, Van Den Neste E, Lepeu G, Plantier I, Castaigne S, et al. Long-term outcome of patients in the LNH-98.5 trial, the first randomized study comparing rituximab-CHOP to standard CHOP chemotherapy in DLBCL patients: a study by the Groupe d'Etudes des Lymphomes de l'Adulte. Blood. 2010;116:2040-5.

[6] Crump M, Kuruvilla J, Couban S, Macdonald DA, Kukreti V, Kouroukis CT, et al. Randomized comparison of gemcitabine, dexamethasone, and cisplatin versus dexamethasone, cytarabine, and cisplatin chemotherapy before autologous stem-cell transplantation for relapsed and refractory aggressive lymphomas: NCIC-CTG LY.12. J Clin Oncol. 2014;32:3490-6.

[7] Crump M, Neelapu SS, Farooq U, Van Den Neste E, Kuruvilla J, Westin J, et al. Outcomes in refractory diffuse large B-cell lymphoma: results from the international SCHOLAR-1 study. Blood. 2017;130:1800-8.

[8] Cunningham D, Hawkes EA, Jack A, Qian W, Smith P, Mouncey P, et al. Rituximab plus cyclophosphamide, doxorubicin, vincristine, and prednisolone in patients with newly diagnosed diffuse large B-cell non-Hodgkin lymphoma: a phase 3 comparison of dose intensification with 14-day versus 21-day cycles. Lancet. 2013;381:1817-26.

[9] Dhanapal V, Gunasekara M, Lianwea C, Marcus R, De Lord C, Bowcock S, et al. Outcome for patients with relapsed/refractory aggressive lymphoma treated with gemcitabine and oxaliplatin with or without rituximab; a retrospective, multicentre study. Leuk Lymphoma. 2017;58:1-9.

[10] Fenske TS, Ahn KW, Graff TM, DiGilio A, Bashir Q, Kamble RT, et al. Allogeneic transplantation provides durable remission in a subset of DLBCL patients relapsing after autologous transplantation. Br J Haematol. 2016;174:235-48.

[11] Franch-Sarto M, Sorigue M, Lopez L, Moreno M, Ribera JM, Sancho JM. Overall survival in patients with relapsed/refractory high grade B-cell lymphomas treated with gemcitabine, oxaliplatin with or without rituximab. Leuk Lymphoma. 2019;60:3324-6.

[12] Gisselbrecht C, Glass B, Mounier N, Singh GD, Linch DC, Trneny M, et al. Salvage regimens with autologous transplantation for relapsed large B-cell lymphoma in the rituximab era. J Clin Oncol. 2010;28:4184-90.

[13] Glass B, Hasenkamp J, Wulf G, Dreger P, Pfreundschuh M, Gramatzki M, et al. Rituximab after lymphoma-directed conditioning and allogeneic stem-cell transplantation for relapsed and refractory aggressive non-Hodgkin lymphoma (DSHNHL R3): an open-label, randomised, phase 2 trial. Lancet Oncol. 2014;15:757-66.

[14] Glass B, Dohm AJ, Truemper LH, Pfreundschuh M, Bleckmann A, Wulf GG, et al. Refractory or relapsed aggressive B-cell lymphoma failing (R)-CHOP: an analysis of patients treated on the RICOVER-60 trial. Ann Oncol. 2017;28:3058-64.

[15] Hutchings M, Carlo-Stella C, Bachy E, Offner FC, Morschhauser F, Crump M, et al. Glofitamab step-up dosing induces high response rates in patients with hard-to-treat refractory or relapsed non-Hodgkin lymphoma. Blood. 2020a;136:46-8.

[16] Hutchings M, Mous R, Clausen MR, Johnson P, Linton KM, Chamuleau MED, et al. Subcutaneous Epcoritamab induces complete responses with an encouraging safety profile across relapsed/refractory B-cell non-Hodgkin lymphoma subtypes, including patients with prior CAR-T therapy: updated dose escalation data. Blood. 2020b;136:45-6.

[17] van Imhoff GW, McMillan A, Matasar MJ, Radford J, Ardeshna KM, Kuliczkowski K, et al. Ofatumumab versus rituximab salvage chemoimmunotherapy in relapsed or refractory diffuse large B-cell lymphoma: the ORCHARRD Study. J Clin Oncol. 2017;35:544.

[18] Kamdar M, Solomon SR, Arnason JE, Johnston PB, Glass B, Bachanova V, et al. Lisocabtagene Maraleucel (liso-cel), a CD19-Directed Chimeric Antigen Receptor (CAR) T Cell Therapy, Versus Standard of Care (SOC) with Salvage Chemotherapy (CT) Followed By Autologous Stem Cell Transplantation (ASCT) As Second-Line (2L) Treatment in Patients (Pts) with Relapsed or Refractory (R/R) Large B-Cell Lymphoma (LBCL): Results from the Randomized Phase 3 Transform Study. Blood. 2021;138:91-91.

[19] van Kampen RJ, Canals C, Schouten HC, Nagler A, Thomson KJ, Vernant JP, et al. Allogeneic stem-cell transplantation as salvage therapy for patients with diffuse large B-cell non-Hodgkin's lymphoma relapsing after an autologous stem-cell transplantation: an analysis of the European Group for Blood and Marrow Transplantation Registry. J Clin Oncol. 2011;29:1342-8.

[20] Locke FL, Miklos DB, Jacobson CA, Perales MA, Kersten MJ, Oluwole OO, et al. Axicabtagene ciloleucel as second-line therapy for large B-Cell lymphoma. N Engl J Med. 2021. 14 Dec, Online ahead of print.

[21] Nastoupil LJ, Jain MD, Feng L, Spiegel JY, Ghobadi A, Lin Y, et al. Standard-of-care Axicabtagene Ciloleucel for relapsed or refractory large B-cell lymphoma: results from the US Lymphoma CAR-T Consortium. J Clin Oncol. 2020;38:3119-28.

[22] Neelapu SS, Locke FL, Bartlett NL, Lekakis LJ, Miklos DB, Jacobson CA, et al. Axicabtagene Ciloleucel CAR-T cell therapy in refractory large B-cell lymphoma. N Engl J Med. 2017;377:2531-44.

[23] Pfreundschuh M, Kuhnt E, Trumper L, Osterborg A, Trneny M, Shepherd L, et al. CHOP-like chemotherapy with or without rituximab in young patients with good-prognosis diffuse large-B-cell lymphoma: 6-year results of an open-label randomised study of the MabThera International Trial (MInT) Group. Lancet Oncol. 2011;12:1013-22.

[24] Schmitz N, Nickelsen M, Ziepert M, Haenel M, Borchmann P, Schmidt C, et al. Conventional chemotherapy (CHOEP-14) with rituximab or high-dose chemotherapy (MegaCHOEP) with rituximab for young, high-risk patients with aggressive B-cell lymphoma: an open-label, randomised, phase 3 trial (DSHNHL 2002-1). Lancet Oncol. 2012;13:1250.

[25] Schuster SJ, Bartlett NL, Assouline S, Yoon SS, Bosch F, Sehn LH, et al. Mosunetuzumab induces complete remissions in poor prognosis non-Hodgkin lymphoma patients, including those who are resistant to or relapsing after chimeric antigen receptor T-cell (CAR-T) therapies, and is active in treatment through multiple lines. Blood. 2019a;134:6.

[26] Schuster SJ, Bishop MR, Tam CS, Waller EK, Borchmann P, McGuirk JP, et al. Tisagenlecleucel in adult relapsed or refractory diffuse large B-cell lymphoma. N Engl J Med. 2019b;380:45-56.

[27] Sehn LH, Herrera AF, Flowers CR, Kamdar MK, McMillan A, Hertzberg M, et al. Polatuzumab vedotin in relapsed or refractory diffuse large B-cell lymphoma. J Clin Oncol. 2020a;38:155-65.
[28] Sehn LH, Hertzberg M, Opat S, Herrera AF, Assouline SE, Flowers C, et al. Polatuzumab vedotin plus bendamustine and rituximab in relapsed/refractory diffuse large B-cell lymphoma: updated results of a phase Ib/II randomized study and preliminary results of a single-arm extension. Blood. 2020b;136:17-9.

第 13 章　套细胞淋巴瘤

Mantle Cell Lymphoma

周可树　**译**　　颜晓菁　**审**

套细胞淋巴瘤（mantle cell lymphoma，MCL）是一种具有高度异质性的淋巴瘤亚型，其临床过程多变。已确定的高危生物学特征包括母细胞型变异、高细胞增殖指数（Ki-67>67%）及 p53 突变（Aukema 等，2018）。尽管目前的一线治疗仍以化疗为基础，Bruton 酪氨酸激酶（Bruton's tyrosine kinase，BTK）抑制药已成为更优选的靶向策略，特别是在早期复发病例（POD24）中（Dreyling 等，2017；Visco 等，2021）。然而，BTK 抑制药治疗后复发或进展的病例常呈现高度侵袭性，并且在常规治疗下预后极差（Martin 等，2016）。

一、CAR-T 细胞的临床适应证

Tecartus®（Gilead）在 2020 年 12 月获得欧洲药品管理局有条件上市许可，成为首个可用于治疗套细胞淋巴瘤患者的自体抗 CD19 CAR-T 细胞疗法。适用于该治疗的患者为经组织学确认的套细胞淋巴瘤患者，并且在接受包括 BTK 抑制药在内的两线或以上治疗后出现耐药或复发。

该注册是基于近期公布的一项多中心Ⅱ期临床试验的结果（Wang 等，2020a）。试验共入组 74 例患者，中位年龄为 65 岁（38—79 岁），其中，88% 的患者在任意时间点接受 BTK 抑制药治疗后出现耐药或复发。71 例患者成功制备了 CAR-T 细胞产品，最终 68 名患者在接受预处理方案（处理前 3～5 天，每天给予氟达拉滨 $30mg/m^2$ 和环磷酰胺 $500mg/m^2$）后，于第 0 天回输了每千克 2×10^6 CAR-T 细胞。在全部 74 名患者（意向治疗人群）中，总缓解率达 85%，完全缓解率为 59%。在 15 个月后的随访中，60 例可评估的患者中有 59% 仍维持缓解状态（Wang 等，2020b）（表 13-1）。

表 13-1　更新的反应率数据*

患者组别	ORR（%）	CR（%）	PFS（%）		OS（%）	
			12 个月	15 个月	12 个月	12 个月
意向治疗组（74 名患者）	85	59				
主要分析组（60 名患者）	93	67	61	59	83	76

ORR. 总缓解率；CR. 完全缓解率；PFS. 无进展生存期；OS. 总生存期

*. 引自（Wang 等，2020b）

有趣的是，与传统治疗策略不同，经 CAR-T 细胞治疗后各个主要亚组（包括高危患者）的客观缓解率保持一致（Wang 等，2020a）。

不良事件主要为细胞减少症（≥3 级：94%）和感染（≥3 级：32%）。在 KTE-X19 输注 90 天后，26% 的患者仍存在 3 级及以上的细胞减少，包括中性粒细胞减少（16%）、血小板减少（16%）和贫血（12%）。

这些结果也在另一种 CAR-T 细胞体系（Lisocabtagene Maraleucel）（Palomba 等，2020）中得到了验证。

二、批判性评价

这些卓越的结果是在一个前瞻性研究中，通过高度筛选的患者群体实现的。近期在真实世界研究中报道的数据也佐证了这一结论（Wang 等，2021）。

在当前获批适应证的流程中，实施该治疗前必须满足多项条件，包括对患者进行详尽的评估、组建经验丰富的多学科团队，以及具备随访资源的专业医院。在未来的临床试验中，将尝试在更前线治疗中重新评估这种高要求治疗的收益 - 风险比。

关键点

- MCL 患者在使用 BTK 抑制药 [如伊布替尼（Ibrutinib）] 治疗下复发或进展时，应考虑 CD19 CAR-T 细胞疗法。
- 有效的淋巴细胞清除化疗对于促进 CAR-T 细胞的扩增至关重要。

参考文献

[1] Aukema SM, Hoster E, Rosenwald A, et al. Expression of TP53 is associated with the outcome of MCL independent of MIPI and Ki-67 in trials of the European MCL Network. Blood. 2018;131(4):417-20.

[2] Dreyling M, Campo E, Hermine O, et al. Newly diagnosed and relapsed mantle cell lymphoma: ESMO clinical practice guidelines for diagnosis, treatment and follow-up. Ann Oncol. 2017;28(Suppl_4):iv62-71.

[3] Martin P, Maddocks K, Leonard JP, et al. Postibrutinib outcomes in patients with mantle cell lymphoma. Blood. 2016;127(12):1559-63.

[4] Palomba ML, Gordon LI, Siddiqi T, et al. Safety and preliminary efficacy in patients with relapsed/refractory mantle cell lymphoma receiving Lisocabtagene Maraleucel in TRANSCEND NHL 001. ASH; 2020, #118.

[5] Visco C, Di Rocco A, Evangelista A, et al. Outcomes in first relapsed-refractory younger patients with mantle cell lymphoma: results from the MANTLE-FIRST study. Leukemia. 2021;35(3):787-95.

[6] Wang M, Munoz J, Goy A, et al. KTE-X19 CAR-T cell therapy in relapsed or refractory mantle-cell lymphoma. N Engl J Med. 2020a;382:1331-42.

[7] Wang M, Munoz J, Goy A, et al. One-year follow-up of ZUMA-2, the multicenter, registrational study of KTE-X19 in patients with relapsed/refractory mantle cell lymphoma. ASH; 2020b, #1120.

[8] Wang Y, Jain P, Locke FL, et al. Brexucabtagene autoleucel for relapsed/refractory mantle cell lymphoma: real world experience from the US lymphoma CAR T consortium. ASH 2021, #744.

第 14 章　慢性淋巴细胞白血病

Chronic Lymphocytic Leukaemia

颜晓菁　**译**　　周可树　**审**

一、CAR-T 细胞在慢性淋巴细胞白血病中的临床开发

尽管慢性淋巴细胞白血病是最早进行 CAR-T 细胞治疗的两种疾病之一，但至今尚未在临床常规治疗中应用。自 Porter 等于 2011 年发表具有里程碑意义的研究以来，仅有六项针对 CLL 的临床试验发表，总共涉及不超过 155 例患者（Porter 等，2015；Gill 等，2018；Turtle 等，2017；Gauthier 等，2020；Siddiqi 等，2020；Wierda 等，2020；Frey 等，2020）。这六项研究均在前期接受过多线治疗（其中大多数患者为 BTK 抑制药 ±Venetoclax 治疗失败后）的患者中进行，以评估靶向 CD19 的 CAR-T 细胞的疗效和安全性。尽管总缓解率达到 60%～95%，包括大部分患者获得微小残留病清除，但完全缓解率相对较低，并且在达到 CR 的患者中，仅有少数人达到持久缓解（Porter 等，2015；Frey 等，2020；Cappell 等，2020）。虽然毒性包括 5%～20% 的 3 级细胞因子释放综合征和 5%～25% 的 3 级神经毒性，但不良反应似乎是可控的，然而长期疗效仍是未解决的问题。CD19 CAR-T 细胞在 CLL 中特定疗效的困境可能包括在经过多线治疗的老年 CLL 患者中，T 细胞扩增的持续能力减弱降低（Lemal 和 Tournilhac，2019），以及 T 细胞的运动能力减弱、线粒体功能不足和 T 细胞衰竭（Bair 和 Porter，2019）。同时使用伊布替尼可能会降低 CRS 的发生率和严重性（Gauthier 等，2020；Gill 等，2018；Wierda 等，2020），而不会影响 CAR-T 细胞的扩增。

二、CAR-T 细胞在 CLL 治疗领域的适应证

由于缺乏具有足够样本量和随访数据的研究，并且尚无获批的 CAR-T 细胞制剂，目前在 CLL 中除临床试验外，没有 CAR-T 细胞的适应证。然而，如果有合适的临床试验，可以根据 EBMT-ERIC 的推荐（Dreger 等，2018），将 CAR-T 细胞作为移植风险高的高危 2 型 CLL 患者的替代方案。对于移植风险较低的患者，异基因造血干细胞移植（allogeneic hematopoietic cell transplantation，allo-HCT）在长期疾病控制方面仍然是更有前景的选择（Tournilhac 等，2020；Roeker 等，2020；Mato 等，2020）。更加有效的 CLL CAR-T 细胞疗法的出现备受期待，可能会迅速改变这一治疗方式。

- 目前，CAR-T 细胞在 CLL 中尚无标准适应证。
- 在临床试验中，CAR-T 细胞可能是高危患者 allo-HCT 的替代方案。

表 14-1 自体抗 CD19 CAR-T 细胞治疗 CLL 的前瞻性研究

类 别	Porter 等（2015）	Frey 等（2020）	Gill 等（2018）	Turtle 等（2017）	Gauthier 等（2020）	Siddiqi 等（2020）	Wierda 等（2020）
患者数	14	38	19	24（5RT）	19（4RT）	22（1RT）	19
CAR-T 联合伊布替尼	CTL019 否	CART-19 否	CTL119 是	JCAR014 否	JCAR014 是	JCAR017[a] 否	JCAR017[a] 是
年龄（岁）	66（51—78）	61（49—76）	62（42—76）	61（40—73）	65（40—71）	66（50—80）	60（50—77）
前线次数（*n*）	5（1～11）	3.5（2～7）	2（1～16）	5（3～9）	5（1～10）	4（2～11）	4（2～11）
伊布替尼（R/R）	1（1）	9（?）	5（0）	24（19）	19（19）	23（17）	19（19）
维奈克拉（R/R）	0	1	0	6（6）	11（6）	13（11）	11（na）
CK（%）	na	na	na	67	74	48	42
TP53 alt.（%）	43	39[b]	58	Del=58	Del=74	Mut=61 Del=35	Mut=32 Del=42

（续表）

类　别	Porter 等（2015）	Frey 等（2020）	Gill 等（2018）	Turtle 等（2017）	Gauthier 等(2020)	Siddiqi 等（2020）	Wierda 等（2020）
ORR（%）	57	44[b]	71[b]	70	83[b]	82[b]	95
CR（%）	29	28[b]	43[b]	17	22[b]	46[b]	63
MRD(−) BM（%）	29	na	78[b]	50[b]	61[b]	65[b]	79
CRS（all/ G_3）（%）	64/43	63/24	95/16	83/8	74/0	74/9	74/5
NT（all/ G_3）（%）	36/7	na/8	26/5	33/25	26/26	39/22	32/16
FU（月）	19（6～53）	32（2～75）	19（8～28）	na	12(4～17)	24	10
PFS（月） PFS＞24m（*n*）	28% @18 m 3	1m 7	na na	8.5m na	38% @12m na	50% @18m na	na na
NRM（*n*）病因	1（感染）	0/	1（心脏）	1（CRS/NT）	1（心脏）	0/	0/

RT.Richter 转化；R/R. 复发 / 难治性；TP53 alt.TP53 突变和（或）17p 缺失；CRS. 细胞因子释放综合征；NT. 神经毒性；all G. 所有等级；G≥3.3 级或以上；na. 数据不可用；CK. 复杂核型（≥3 种异常）；BM. 骨髓；MRD（−）BM. 骨髓微小残留病阴性；NRM. 非复发死亡率

a. Transcend CLL 004 研究中使用了 Lisocabtagene maraleucel

b. 评估仅限于可评估的患者

关键点

- 针对 CLL 的自体 CAR-T 细胞疗法已开发近 10 年，在高风险疾病中显示出有趣的结果，包括对 BTK 抑制药和 BCL2 抑制药双重耐药的患者。
- 然而，在将 CAR-T 细胞疗法纳入临床实践之前，还需要更多的数据支持，包括具有更长随访时间的临床试验。

参考文献

[1] Bair SM, Porter DL. Accelerating chimeric antigen receptor therapy in chronic lymphocytic leukemia:the development and challenges of chimeric antigen receptor T-cell therapy for chronic lymphocytic leukemia. Am J Hematol. 2019;94(Suppl_1):S10-7.

[2] Cappell KM, Sherry RM, Yang JC, et al. Long-term follow-up of anti-CD19 chimeric antigen receptor T-cell therapy. JCO. 2020;38(32):3805-15.

[3] Dreger P, Ghia P, Schetelig J, et al. High-risk chronic lymphocytic leukemia in the era of pathway inhibitors: integrating molecular and cellular therapies. Blood. 2018;132(9):892-902.

[4] Frey NV, Gill S, Hexner EO, et al. Long-term outcomes from a randomized dose optimization study of chimeric antigen receptor modified T cells in relapsed chronic lymphocytic leukemia. JCO. 2020;38:2862.

[5] Gauthier J, Hirayama AV, Purushe J, et al. Feasibility and efficacy of CD19-targeted CAR-T cells with concurrent ibrutinib for CLL after ibrutinib failure. Blood. 2020;135(19):1650-60.

[6] Gill SI, Vides V, Frey NV, et al. Prospective clinical trial of anti-CD19 CAR-T cells in combination with Ibrutinib for the treatment of chronic lymphocytic leukemia shows a high response rate. Blood. 2018;132(Suppl 1):298.

[7] Lemal R, Tournilhac O. State-of-the-art for CAR-T cell therapy for chronic lymphocytic leukemia in 2019. J Immunother Cancer. 2019;7(1):202.

[8] Mato AR, Roeker LE, Jacobs R, et al. Assessment of the efficacy of therapies following Venetoclax discontinuation in CLL reveals BTK inhibition as an effective strategy. Clin Cancer Res. 2020;26(14):3589-96.

[9] Porter DL, Levine BL, Kalos M, Bagg A, June CH. Chimeric antigen receptor-modified T cells in chronic lymphoid leukemia. N Engl J Med. 2011;365(8):725-33.

[10] Porter DL, Hwang W-T, Frey NV, et al. Chimeric antigen receptor T cells persist and induce sustained remissions in relapsed refractory chronic lymphocytic leukemia. Sci Transl Med. 2015;7(303):303ra139.

[11] Roeker LE, Dreger P, Brown JR, et al. Allogeneic stem cell transplantation for chronic lymphocytic leukemia in the era of novel agents. Blood Adv. 2020;4(16):3977-89.

[12] Siddiqi T, Soumerai JD, Dorritie KA, et al. Updated follow-up of patients with relapsed/refractory chronic lymphocytic leukemia/small lymphocytic lymphoma treated with Lisocabtagene Maraleucel in the phase 1 monotherapy cohort of transcend CLL 004, including high-risk and Ibrutinib-treated patients. Blood 2020;136(1):546.

[13] Tournilhac O, Le Garff-Tavernier M, Nguyen Quoc S, et al. Efficacy of minimal residual disease driven immune-intervention after allogeneic hematopoietic stem cell transplantation for high-risk chronic lymphocytic leukemia: results of a prospective multicentric trial. Haematologica. 2020; https://doi.org/10.3324/haematol.2019.239566.

[14] Turtle CJ, Hay KA, Hanafi L-A, et al. Durable molecular remissions in chronic lymphocytic leukemia treated with CD19-specific chimeric antigen receptor-modified T cells after failure of Ibrutinib. J Clin Oncol. 2017;35(26):3010-20.

[15] Wierda W, Dorritie KA, Munoz J, et al. Transcend CLL 004: phase 1 Cohort of Lisocabtagene Maraleucel (liso-cel) in combination with Ibrutinib for patients with Relapsed/Refractory (R/R) chronic lymphocytic leukemia/small lymphocytic lymphoma (CLL/SLL). Blood 2020;136(1):544.

第 15 章　惰性淋巴瘤

Indolent Lymphomas

周　辉　**译**　　贺鹏程　**审**

惰性非霍奇金淋巴瘤（indolent non-Hodgkin lymphoma，iNHL），包括滤泡性淋巴瘤（follicular，FL）、边缘区淋巴瘤（marginal zone lymphoma，MZL），目前通过一线免疫化疗可实现长期的疾病控制，多数研究显示其中位总生存期超过 15 年（Kahl 和 Yang，2016）。然而，绝大多数情况下，iNHL 仍被广泛认为是不可治愈的，疾病的临床特点是反复的复发和缓解，每次缓解期都较前缩短，OS 和无进展生存期也随着传统治疗线数增加而逐渐缩短（Batlevi 等，2020）。

目前，仍有约 20% 的 FL 患者存在未满足的临床需求，即初次免疫化学治疗后的 24 个月内病情进展（POD24），其 5 年总生存率为 48%（Casulo 等，2015），尽管尚不清楚这种较差的预后有多少是由误诊的转化性滤泡性淋巴瘤所引起（Freeman 等，2019）。此外，还有多线治疗失败后的患者（5 年 PFS 为 23%）（Rivas-Delgado 等，2019）、具有双重耐药性（对利妥昔单抗和化疗双重耐药）疾病的患者（Gopal 等，2017）及自体干细胞移植后复发的患者（Sesques 等，2020）。虽然 CD20 单克隆抗体和来那度胺的免疫调节方案显示出有希望的结果（Leonard 等，2019；Morschhauser 等，2019），但目前大多数已获批准的疗法均未能克服疾病的逐步耐药性，导致患者在治疗过程中经多线治疗后出现剂量累积毒性。

目前用于复发 / 难治性（relapsed/refractory，R/R）大 B 细胞淋巴瘤的自体抗 CD19 CAR-T 疗法 Tisa-cel 和 Axi-cel，也已在 iNHL 患者中进行了相关临床试验，结果令人鼓舞。

ZUMA-5 Ⅱ期临床试验评估了 Axi-cel 在 146 名复发 / 难治性惰性非霍奇

金淋巴瘤患者中的疗效和安全性（其中 124 名 FL 患者，22 名 MZL 患者），这些患者在至少两线治疗后参与试验（Jacobson 等，2020）。在 104 名可用于疗效分析的患者中（84 名 FL 患者，20 名 MZL 患者），总缓解率为 92%，其中 76% 的患者达到了完全缓解。在 FL 患者中，ORR 为 94%，CR 率为 80%。高风险患者的反应率一致。中位随访 17.5 个月时，64% 的 FL 患者仍维持缓解状态。DoR、PFS 和 OS 的中位数尚未达到（Gopal 等，2017）。FL 患者的安全性是可控的，与先前报道的 LBCL 相比显示出更有利的结果（Neelapu 等，2017；Locke 等，2019）。126 名患者（86%）出现了 3 级及以上的不良事件（adverse events，AE），最常见的是中性粒细胞减少症和感染。在 FL 亚组中观察到细胞因子释放综合征发生率较低，任何等级为 78%，≥3 级等级为 6%。与 LBCL 相比，CRS 的发生有所减少；仅有一名患者 CRS 未能缓解，最终因多器官衰竭而死亡（Jacobson 等，2020）。56% 的患者经历了任何等级的神经毒性事件（neurological events，NE）；15% 的患者出现了 3 级及以上的神经毒性事件。大多数 NE（67/70）在数据截止时已经缓解（Jacobson 等，2020）。

同样的结果也在 Tisa-cel 中得到了验证。在Ⅱ期 ELARA 研究中，纳入了 98 名在两线或多线治疗后 6 个月内复发或 ASCT 后复发 / 难治性滤泡性淋巴瘤成人患者（Fowler 等，2020）。97 名患者接受了 Tisa-cel 治疗，52 名患者可进行疗效评估。与 ZUMA-5 试验不同，本研究允许使用桥接治疗，43% 的患者接受了桥接治疗。52 名患者中的 34 名（65.4%）达到了 CR，ORR 为 82.7%。中位随访 9.9 个月时，69% 的患者仍在缓解中。DoR、PFS 和 OS 的中位数尚未达到。在 97 名可用于安全性评估的患者中（中位随访 6.6 个月），69% 的患者经历了 3 级及以上的不良事件，最常见的是中性粒细胞减少症；48% 的患者出现了 CRS，但没有患者出现≥3 级及以上的不良事件。10% 的患者出现了任何等级的神经毒性事件；2% 的患者出现了≥3 级及以上的神经毒性事件，所有患者均已康复。没有与治疗相关的死亡（Fowler 等，2020）。

来自 ELARA 和 ZUMA-5 试验的初步数据显示，靶向 CD19 CAR-T 细胞治疗对高风险或多线治疗后的 R/R iNHL 患者有效，获得了较高 CR 和 ORR。尽管在高风险 FL 患者中（如年轻、双重耐药、ASCT 后复发的患者或 POD24 患者）CAR-T 细胞治疗收益 / 风险比尚可，但需要更长的随访时间，以便更好地监测疗效及长期的不良反应，特别是在双特异性抗体等新药疗法出现的情况下（Bannerji 等，2020；Hutchings 等，2020a，2020b；Assouline 等，2020）。

MZL 中的数据仍然稀缺。因此，亟须进行Ⅲ期随机对照试验，研究 CAR-T 细胞在 R/R iNHL 的疗效和安全性，特别是在 POD24 患者中。

关键点

- 抗 CD19 CAR-T 细胞治疗在经过后线治疗的复发 / 难治性滤泡性淋巴瘤中达到了较高的完全缓解率和总缓解率，并且安全性可耐受。
- 疗效似乎具有持久性，但中位随访时间仍然较短。
- 边缘区淋巴瘤中的数据仍然稀缺。
- Ⅲ期随机临床试验是必要的，以确认 CAR-T 细胞在复发 / 难治性惰性非霍奇金淋巴瘤中的作用，特别是在 POD24 患者中。

参考文献

[1] Assouline SE, Kim WS, Sehn LH, et al. Mosunetuzumab shows promising efficacy in patients with multiply relapsed follicular lymphoma: updated clinical experience from a phase I dose-escalation trial. ASH Congress; 2020, abstract 702.
[2] Bannerji R, Allan JN, Arnason JE, et al. Odronextamab (REGN1979), a human CD20 x CD3 bispecific antibody, induces durable, complete responses in patients with highly refractory B-cell non-Hodgkin lymphoma, including patients refractory to CAR-T therapy ASH Congress; 2020, abstract 400.
[3] Batlevi L, Sha F, Alperovich A, et al. Blood. Cancer J. 2020;10(7):74. https://doi.org/10.1038/ s41408-020-00340-z.
[4] Casulo C, Byrtek M, Dawson KL, et al. Early relapse of follicular lymphoma after rituximab plus cyclophosphamide, doxorubicin, vincristine, and prednisone defines patients at high risk for death: an analysis from the National LymphoCare Study. J Clin Oncol. 2015;33(23):2516-22. https://doi.org/10.1200/JCO.2014.59.7534. Epub 2015 Jun 29.
[5] Fowler NH, Dickinson M, Dreyling M, et al. Efficacy and safety of tisagenlecleucel in adult patients with relapsed/refractory follicular lymphoma: interim analysis of the phase 2 Elara Trial ASH Congress; 2020, abstract 1149.
[6] Freeman CL, Kridel R, Moccia AA, et al. Early progression after bendamustine-rituximab is associated with high risk of transformation in advanced stage follicular lymphoma. Blood. 2019;134(9):761-4. https://doi.org/10.1182/blood.2019000258. Epub 2019 Jul 12.
[7] Gopal AK, Kahl BS, Flowers CR, et al. Idelalisib is effective in patients with high-risk follicular lymphoma and early relapse after initial chemoimmunotherapy. Blood. 2017;129(22):3037-9. https://doi.org/10.1182/blood-2016-12-757740.Epub 2017 Mar 21.
[8] Hutchings M, Mous R, Roost Clausen M, et al. Subcutaneous Epcoritamab induces complete responses with

an encouraging safety profile across relapsed/refractory B-cell non-Hodgkin lymphoma subtypes, including patients with prior CAR-T therapy: updated dose escalation data. ASH Congress 2020a, abstract 402.

[9] Hutchings M, Carlo-Stella C, Bachy E, et al. Glofitamab step-up dosing induces high response rates in patients with hard-to-treat refractory or relapsed non-Hodgkin lymphoma. ASH Congress; 2020b, abstract 403.

[10] Jacobson C, Chavez JC, Sehgal AR, et al. Primary analysis of Zuma-5: a phase 2 study of Axicabtagene Ciloleucel (Axi-Cel) in patients with relapsed/refractory (R/R) indolent non-Hodgkin lymphoma (iNHL). ASH Congress; 2020, abstract700.

[11] Kahl BS, Yang DT. Follicular lymphoma: evolving therapeutic strategies. Blood. 2016;127(17):2055-63. https://doi.org/10.1182/blood-2015-11-624288.

[12] Leonard JP, Trneny M, Izutsu K, et al. AUGMENT: a phase Ⅲ study of Lenalidomide plus rituximab versus placebo plus rituximab in relapsed or refractory indolent lymphoma. J Clin Oncol. 2019;37(14):1188-99. https://doi.org/10.1200/JCO.19.00010. Epub 2019 Mar 21.

[13] Locke FL, Ghobadi A, Jacobson CA, et al. Long-term safety and activity of axicabtagene ciloleucel in refractory large B-cell lymphoma (ZUMA-1): a single-arm, multicentre, phase 1-2 trial. Lancet Oncol. 2019;20(1):31-42. https://doi.org/10.1016/S1470-2045(18)30864-7. Epub 2018 Dec 2.

[14] Morschhauser F, Le Gouill S, Feugier P, et al. Obinutuzumab combined with lenalidomide for relapsed or refractory follicular B-cell lymphoma (GALEN): a multicentre, single-arm, phase 2 study. Lancet Haematol. 2019;6(8):e429-37. https://doi.org/10.1016/S2352-3026(19)30089-4. Epub 2019 Jul 8.

[15] Neelapu SS, Locke FL, Bartlett NL, et al. Axicabtagene Ciloleucel CAR-T cell therapy in refractory large B-cell lymphoma. N Engl J Med. 2017;377(26):2531-44. https://doi.org/10.1056/NEJMoa1707447. Epub 2017 Dec 10.

[16] Rivas-Delgado A, Laura Magnano L, Moreno-Velázquez M, et al. Response duration and survival shorten after each relapse in patients with follicular lymphoma treated in the rituximab era. Br J Haematol. 2019;184(5):753-9. https://doi.org/10.1111/bjh.15708. Epub 2018 Dec 4.

[17] Sesques P, Bourcier J, Golfier C, et al. Clinical characteristics and outcomes of relapsed follicular lymphoma after autologous stem cell transplantation in the rituximab era. Hematol Oncol. 2020;38(2):137-45. https://doi.org/10.1002/hon.2713. Epub 2020 Jan 30.

第 16 章　多发性骨髓瘤

Multiple Myeloma

李春蕊　**译**　　刘　洋　**审**

迄今为止，clinicaltrials.gov 网站上已注册了超过 100 项关于 CAR-T 细胞在多发性骨髓瘤中应用的临床试验。尽管已有若干针对 CD19 的 CAR-T 细胞产品获批（Ghobadi，2018；Yassine 等，2020），但 CD19 在浆细胞表面的表达有限或缺失，导致在 MM 临床试验中，单独靶向 CD19 的疗效存在不确定性（Garfall 等，2015，2019）。使用超分辨率显微镜，可在大量骨髓瘤细胞中检测到 CD19，这可能解释了 CD19 靶向的 CAR-T 细胞能够成功识别并裂解骨髓瘤细胞的原因（Nerreter 等，2019）。值得注意的是，已有研究尝试将 CD19 与其他抗原联合靶向，特别是 B 细胞成熟抗原（B cell maturation antigen，BCMA）（Beauvais 等，2020）。

靶向 BCMA 的 CAR-T 细胞在多个 Ⅰ / Ⅱ 期临床试验中显示出显著疗效与安全性（Munshi 等，2021；Brudno 等，2018；Cohen 等，2019；Mailankody 等，2020；Zhao 等，2018）。对于重度预处理的 MM 患者，总缓解率达到 75%～100%，中位无事件生存期为 11～24 个月，显著优于其他现有疗法。预计至少两种 BCMA 靶向的 CAR-T 细胞产品将在不久的将来进入常规临床使用。除临床试验外，CAR-T 疗法在 MM 中的主要适应证将限于复发 / 难治性 MM 患者，这些患者至少已接受过两种既往疗法，包括蛋白酶体抑制药、免疫调节剂（如来那度胺和泊马度胺）及抗 CD38 单克隆抗体。

尽管 CAR-T 细胞疗法前景广阔，但疾病控制的持续时间有限，几乎所有患者最终都会复发。这可能部分反映了这样一个事实：迄今为止，CAR-T 细胞治疗主要用于既往接受过大量治疗、疾病进展并具有耐药性的患者（Beauvais 等，2020；Gauthier 和 Yakoub-Agha，2017）。此外，CAR-T 细胞衰竭及肿瘤细胞上 BCMA 靶抗原表达的减少或不可逆丧失（Da Vià 等，2021；Samur 等，2021），再加上肿瘤细胞在遗传上高度不稳定，这些因素均限制了 CAR-T 细胞治疗。因此，新的靶点甚至双重靶向疗法，包括靶向 GPRC5D（de Larrea 等，2020）、SLAMF7（Gogishvili 等，2017）、CD229（Radhakrishnan 等，2020）和 CD38（Gauthier 和 Yakoub-Agha，2017；Verkleij 等，2020）正在积极探索中。

此外，为提高疗效，CAR-T 疗法正向早期治疗阶段推进，以增强生成的 MM 特异性 CAR-T 细胞的活性和持久性。然而，相较于侵袭性淋巴瘤患者，MM 患者使用 CAR-T 疗法时的毒性可能相对较低，但仍可能引发严重且潜在的致命毒性。因此，随着 CAR-T 细胞治疗逐步应用于疾病的早期阶段，如何优化 CAR-T 细胞的效应功能和增殖潜能将成为一项重要挑战（Prommersberger 等，2018）。

关键点

- BCMA 是 CAR-T 细胞治疗 MM 的主要靶点。
- 两种 BCMA 靶向的 CAR-T 细胞产品即将进入常规临床应用（其中一种已获得 FDA 和 EMA 批准）。
- 有少数患者的 MM 细胞上出现了不可逆的 BCMA 丧失，导致 BCMA 靶向 CAR-T 疗法失败。
- CAR-T 细胞疗法正逐渐向 MM 患者的早期治疗阶段推进。

参考文献

[1] Beauvais D, Danhof S, Hayden PJ, Einsele H, Yakoub-Agha I. Clinical data, limitations and perspectives on chimeric antigen receptor T-cell therapy in multiple myeloma. Curr Opin Oncol. 2020;32(5):418-26.

[2] Brudno JN, Maric I, Hartman SD, Rose JJ, Wang M, Lam N, Stetler-Stevenson M, Salem D, Yuan C, Pavletic S, et al. T cells genetically modified to express an anti-B-cell maturation antigen chimeric antigen receptor cause remissions of poor-prognosis relapsed multiple myeloma. J Clin Oncol. 2018;36(22):2267-80.

[3] Cohen AD, Garfall AL, Stadtmauer EA, Melenhorst JJ, Lacey SF, Lancaster E, Vogl DT, Weiss BM, Dengel K, Nelson A, et al. B cell maturation antigen-specific CAR-T cells are clinically active in multiple myeloma. J Clin Invest. 2019;129(6):2210-21.

[4] Da Vià MC, Dietrich O, Truger M, Arampatzi P, Duell J, Heidemeier A, Zhou X, Danhof S, Kraus S, Chatterjee M, Meggendorfer M, Twardziok S, Goebeler ME, Topp MS, Hudecek M, Prommersberger S, Hege K, Kaiser S, Fuhr V, Weinhold N, Rosenwald A, Erhard F, Haferlach C, Einsele H, Kortüm KM, Saliba AE, Rasche L. Homozygous BCMA gene deletion in response to anti-BCMA CAR-T cells in a patient with multiple myeloma. Nat Med. 2021;27(4):616-19.

［5］ Garfall AL, Maus MV, Hwang WT, Lacey SF, Mahnke YD, Melenhorst JJ, Zheng Z, Vogl DT, Cohen AD, Weiss BM, et al. Chimeric antigen receptor T cells against CD19 for multiple myeloma. N Engl J Med. 2015;373(11):1040-7.

［6］ Garfall AL, Stadtmauer EA, Hwang WT, Lacey SF, Melenhorst JJ, Krevvata M, Carroll MP, Matsui WH, Wang Q, Dhodapkar MV et al. Anti-CD19 CAR-T cells with high-dose melphalan and autologous stem cell transplantation for refractory multiple myeloma. JCI Insight. 2019;4(4):e127684.

［7］ Gauthier J, Yakoub-Agha I. Chimeric antigen-receptor T-cell therapy for hematological malignancies and solid tumors: clinical data to date, current limitations and perspectives. Curr Res Transl Med. 2017;65(3):93-102.

［8］ Ghobadi A. Chimeric antigen receptor T cell therapy for non-Hodgkin lymphoma. Curr Res Transl Med. 2018;66(2):43-9.

［9］ Gogishvili T, Danhof S, Prommersberger S, Rydzek J, Schreder M, Brede C, Einsele H, Hudecek M. SLAMF7-CAR-T cells eliminate myeloma and confer selective fratricide of SLAMF7(+) normal lymphocytes. Blood. 2017;130(26):2838-47.

［10］ de Larrea CF, Staehr M, Lopez AV, Ng KY, Chen Y, Godfrey WD, Purdon TJ, Ponomarev V, Wendel HG, Brentjens RJ, Smith EL. Defining an optimal dual-targeted CAR-T cell therapy approach simultaneously targeting BCMA and GPRC5D to prevent BCMA escape-driven relapse in multiple myeloma. Blood Cancer Discov. 2020;1(2):146-54.

［11］ Mailankody S, Jakubowiak AJ, Htut M, Costa LJ, Lee K, Ganguly S, Kaufman JL, Siegel DSD, Bensinger W, Cota M, et al. Orvacabtagene autoleucel (orva-cel), a B-cell maturation antigen (BCMA)-directed CAR-T cell therapy for patients (pts) with relapsed/refractory multiple myeloma (RRMM): update of the phase 1/2 EVOLVE study (NCT03430011). J Clin Oncol. 2020;38(15_Suppl):8504.

［12］ Munshi NC, Anderson LD Jr, Shah N, Madduri D, Berdeja J, Lonial S, Raje N, Lin Y, Siegel D, Oriol A, et al. Idecabtagene Vicleucel in relapsed and refractory multiple myeloma. N Engl J Med. 2021;384(8):705-16.

［13］ Nerreter T, Letschert S, Götz R, Doose S, Danhof S, Einsele H, Sauer M, Hudecek M. Super-resolution microscopy reveals ultra-low CD19 expression on myeloma cells that triggers elimination by CD19 CAR-T. Nat Commun. 2019;10(1):3137.

［14］ Prommersberger S, Jetani H, Danhof S, Monjezi R, Nerreter T, Beckmann J, Einsele H, Hudecek M. Novel targets and technologies for CAR-T cells in multiple myeloma and acute myeloid leukemia. Curr Res Transl Med. 2018;66(2):37-8.

［15］ Radhakrishnan SV, Luetkens T, Scherer SD, Davis P, Vander Mause ER, Olson ML, Yousef S, Panse J, Abdiche Y, Li KD, Miles RR, Matsui W, Welm AL, Atanackovic D. CD229 CAR-T cells eliminate multiple myeloma and tumor propagating cells without fratricide. Nat Commun. 2020;11(1):798.

［16］ Samur MK, Fulciniti M, Aktas Samur A, Bazarbachi AH, Tai YT, Prabhala R, Alonso A, Sperling AS, Campbell T, Petrocca F, Hege K, Kaiser S, Loiseau HA, Anderson KC, Munshi NC. Biallelic loss of BCMA as a resistance mechanism to CAR-T cell therapy in a patient with multiple myeloma. Nat Commun. 2021;12(1):868.

［17］ Verkleij CPM, Jhatakia A, Broekmans MEC, Frerichs KA, Zweegman S, Mutis T, Bezman NA, van de Donk NWCJ. Preclinical rationale for targeting the PD-1/PD-L1 Axis in combination with a CD38 antibody in multiple myeloma and other CD38-positive malignancies. Cancers (Basel). 2020;12(12):3713.

［18］ Yassine F, Iqbal M, Murthy H, Kharfan-Dabaja MA, Chavez JC. Real world experience of approved chimeric antigen receptor T-cell therapies outside of clinical trials. Curr Res Transl Med. 2020;68(4):159-70.

［19］ Zhao WH, Liu J, Wang BY, Chen YX, Cao XM, Yang Y, Zhang YL, Wang FX, Zhang PY, Lei B, et al. A phase 1, open-label study of LCAR-B38M, a chimeric antigen receptor T cell therapy directed against B cell maturation antigen, in patients with relapsed or refractory multiple myeloma. J Hematol Oncol. 2018;11(1):141.

第 17 章　其他淋巴系统恶性肿瘤

Developments in Other Haematological Malignancies: Other Lymphoid Malignancies

胡永仙　**译**　　梅　恒　**审**

外周 T 细胞淋巴瘤（peripheral T cell lymphoma，PTCL）是一种异质性较高的罕见病，占所有非霍奇金淋巴瘤的 10%～15%。PTCL 的初始治疗包括 CHOP 方案（环磷酰胺、多柔比星、长春新碱、泼尼松），或结合依托泊苷使用，随后在有效果的体能良好的患者中进行干细胞移植作为巩固治疗。这种治疗方法在大约 40% 的患者中诱导了持久的长期缓解；约 25% 的患者在诱导治疗期间出现早期耐药，其余患者通常会在 24 个月内复发。除了间变性大细胞淋巴瘤患者有条件接受维布妥昔单抗治疗外，复发患者没有统一的标准治疗方案。不适合接受大剂量化疗序贯异基因干细胞移植的患者，预后非常差。

CAR-T 细胞在治疗复发 / 难治性 B 细胞淋巴瘤中已经显示出令人注目的疗效，目前正在 T 细胞淋巴瘤中进行研究。

一、靶抗原

在使用 CAR-T 细胞靶向 T 细胞恶性肿瘤时，选择合适的抗原是主要挑战。许多靶抗原不仅在病理性 T 细胞中表达，也在正常的生理性 T 细胞和工程化 CAR-T 细胞中表达（表 17-1 和表 17-2）。

表 17-1　泛 T 细胞抗原

CD5	在 T 细胞、胸腺细胞、B-1 细胞和 T 细胞恶性肿瘤中的表达情况： - 90% 的 T 细胞急性淋巴细胞白血病（T-ALL）/Ly 细胞 - 85% 的非特指型外周 T 细胞淋巴瘤（PTCL-nos） - 96% 的血管免疫母细胞性 T 细胞淋巴瘤（AITL） - 26%～32% 的间变性大细胞淋巴瘤（ALCL） - 36% 的 NK-T 细胞淋巴瘤（NK-T） - 85% 的成人 T 细胞白血病 / 淋巴瘤（ATLL） - 91% 的皮肤 T 细胞淋巴瘤（CTCL）
CD7	在 T 细胞、胸腺细胞、NK 细胞和 T 细胞恶性肿瘤中的表达情况： - 95% 的 T 细胞急性淋巴细胞白血病 /Ly 细胞 - 50% 的非特指型外周 T 细胞淋巴瘤 - 57% 的血管免疫母细胞性 T 细胞淋巴瘤 - 32%～54% 的间变性大细胞淋巴瘤 - 79% 的 NK-T 细胞淋巴瘤 - 25% 的成人 T 细胞白血病 / 淋巴瘤 - 18% 的皮肤 T 细胞淋巴瘤

表 17-2　表达受限的抗原

CD30	在激活的 T 细胞和 B 细胞及 T 细胞恶性肿瘤中的表达情况： - 17% 的 T 细胞急性淋巴细胞白血病 /Ly 细胞 - 16% 的非特指型外周 T 细胞淋巴瘤 - 32%～50% 的血管免疫母细胞性 T 细胞淋巴瘤 - 93% 的间变性大细胞淋巴瘤 - 64% 的 NK-T 细胞淋巴瘤 - 39% 的成人 T 细胞白血病 / 淋巴瘤 - 18% 的皮肤 T 细胞淋巴瘤
TRBC1	在 T 细胞和 T 细胞恶性肿瘤中的表达情况： - 7%～11% 的 T 细胞急性淋巴细胞白血病 /Ly 细胞 - 27% 的非特指型外周 T 细胞淋巴瘤 - 34% 的血管免疫母细胞性 T 细胞淋巴瘤 - 25% 的间变性大细胞淋巴瘤

因此，这种共同抗原的表达可能会导致以下问题。

- 对 CAR-T 细胞的自杀伤效应。
- 在 CAR-T 细胞输注后，正常 T 细胞的消除，导致深度和（或）长期的免疫缺陷和 T 细胞再生障碍。

二、治疗 T 细胞恶性肿瘤的 CAR-T 细胞发展

靶向 CD5、CD7、CD30 和 TRBC1 的实验性工程化 CAR-T 细胞产品，正在研究中（表 17–3）。

表 17–3　靶向 T 淋巴细胞抗原的 CAR-T 细胞

靶向 CD5 的 CAR–T 细胞	Mamonkin 等（Blood，2015），临床前研究经验 - CD5 CAR-T 细胞在体外能够消除恶性 T-ALL/Ly 细胞系，并抑制异种移植小鼠模型中的疾病进展 - 第二代具有 CD28 共刺激域的 CD5 CAR：随着 T 细胞表面 CD5 表达的丢失，CD5 CAR-T 细胞能抵抗自杀伤效应 Hill 等（Blood，2019），Ⅰ期剂量递增研究，MAGENTA 试验 - 招募了 9 名患者（4 名 T-ALL 患者，5 名 T-NHL 患者） - CD5 CAR-T 细胞是安全的，并能在重度预处理的复发 / 难治性 T-ALL 和 T-NHL 患者中起效（3 名患者完全缓解），并且没有导致 T 细胞再生障碍
靶向 CD7 的 CAR–T 细胞	Gomes-Silva 等（Blood，2017），T 细胞恶性肿瘤的临床前模型 - 暴发性的自绞杀效应抑制了 CAR-T 细胞的扩增 - 去除细胞表面 CD7 表达显示出潜在的治疗活性。贝勒医学院设计了一项Ⅰ期研究（CRIMSON 试验），但目前尚未招募
靶向 TRBC1 的 CAR–T 细胞	Maciocia 等（Nat Med，2017），临床前研究 - 靶向 TRBC1 的 CAR-T 细胞能够特异性地消除表达 TRBC1 的恶性 T 细胞系 - TRBC1 CAR-T 细胞不能靶向正常的 TRBC2 阳性 T 细胞 由伦敦大学学院发起的一项Ⅰ/Ⅱ期单臂研究（AUTO4），旨在评估靶向 TRBC1 的 CAR-T 细胞在治疗复发 / 难治性 TRBC1 阳性 T 细胞淋巴瘤患者中的安全性和有效性
靶向 CD30 的 CAR–T 细胞	Dotti 等（Immunol Rev.2014），临床前研究 - 靶向 CD30 的 CAR-T 细胞在霍奇金淋巴瘤和间变性大细胞淋巴瘤患者中产生了肿瘤特异性 T 细胞 - CD30 CAR-T 细胞识别肿瘤不依赖于 MHC - 靶向 CD30 的 CAR-T 细胞有可能克服肿瘤逃逸 若干小型临床试验正在报道中，一些研究仍在进行和招募中 - 两种 CAR-T 正在研究中，一种 CAR-T 细胞具有抗 CD30 的抗原结合域和抗 CD28 共刺激域，另一种 CAR-T 细胞靶向 CD30 并以 4-1BB 作为共刺激域 - 在 Ramos 等的Ⅰ期研究中，治疗了 9 名复发 / 难治性霍奇金淋巴瘤和 EBV 阴性、CD30 阳性的间变性大细胞淋巴瘤患者；结果显示前景良好，其中 1 名患者完全缓解，3 名患者病情稳定，没有相关毒性

（续表）

	- Wang 等招募了 18 名患者（17 名霍奇金淋巴瘤患者，1 名间变性大细胞淋巴瘤患者）；7 名患者获得了部分缓解，6 名患者病情稳定，急性毒性有限，但感染风险增加 - Grover 等在一项Ⅰb/Ⅱ期研究中招募了 24 名患者（包括霍奇金淋巴瘤、间变性大细胞淋巴瘤、肠病相关性 T 细胞淋巴瘤和 Sezary 综合征），抗 CD30 CAR-T 细胞显示出早期临床效果和良好的耐受性与安全性 - 国家癌症研究所正在进行一项Ⅰ期研究，以评估在治疗晚期 CD30 阳性间变性大细胞淋巴瘤和外周 T 细胞淋巴瘤（非特指型）中的安全性和可行性

关键点

- 靶抗原在正常 T 细胞、恶性 T 细胞和工程化 CAR-T 细胞中均有表达。
- 因此，CAR-T 细胞靶向 T 细胞恶性肿瘤的主要问题是自绞杀效应。
- 第二个主要问题是 CAR-T 细胞输注后正常 T 细胞的消除，可能导致严重和（或）长期的免疫缺陷和 T 细胞再生障碍。
- 目前，最有前景的构建体是靶向 CD30 的 CAR-T 细胞。
- 针对 T 细胞恶性肿瘤和霍奇金淋巴瘤的Ⅰ期和Ⅱ期研究正在进行中，目前显示出可行性、耐受性和潜在的临床疗效。

参考文献

［1］ Dotti G, Gottschalk S, Savoldo B, et al. Design and development of therapies using chimeric antigen receptor-expressing T cells. Immunol Rev. 2014;257(1):107-26.
［2］ Foster C, Kuruvilla J. Treatment approaches in relapsed or refractory peripheral T-cell lymphomas. F1000Research. 2020;9(Faculty Rev):1091.
［3］ Gomes-Silva D, Srinivasan M, Sharma S, et al. CD7-edited T cells expressing a CD7-specific CAR for the therapy of T-cell malignancies. Blood. 2017;130:285-96.
［4］ Grover NS, Park SI, Ivanova A, et al. A phase Ib/II study of anti-CD30 chimeric antigen receptor T cells for relapsed/refractory CD30+ lymphomas. Biol Blood Marrow Transplant. 2019;25(3):S66.
［5］ Hill LC, Rouce RH, Smith TS, et al. Safety and anti-tumor activity of CD5 CAR-T cells in patients with relapsed/refractory T-cell malignancies. Blood. 2019;134(S1):199.
［6］ Maciocia PM, Wawrzyniecka PA, Philip B, et al. Targeting the T cell receptor β-chain constant region for immunotherapy of T cell malignancies. Nat Med. 2017;23(12):1416-23.
［7］ Mamonkin M, Rouce RH, Tashiro H, et al. A T-cell directed chimeric antigen receptor for the selective treat-

ment of T-cell malignancies. Blood. 2015;126:983-92.

[8] Ramos CA, Ballard B, Zhang H, et al. Clinical and immunological responses after CD30-specific chimeric antigen receptor-redirected lymphocytes. J Clin Invest. 2017;127(9):3462-71.

[9] Rogers AM, Brammer JE. Hematopoietic cell transplantation and adoptive cell therapy in peripheral T cell lymphoma. Curr Hematol Malig Rep. 2020;15:316-32.

[10] Sherer LD, Brenner MK, Mamonkin M. Chimeric antigen receptors for T-cell malignancies. Front Oncol. 2019;9(126):1-10.

[11] Vose J, Armitage J, Weisenburger D. International peripheral T-cell and natural killer/T-cell lymphoma study: pathology findings and clinical outcomes. J Clin Oncol. 2008;26(25):4124-30.

[12] Wang CM, Wu ZQ, Wang Y, et al. Autologous T cells expressing CD30 chimeric antigen receptors for relapsed or refractory Hodgkin lymphoma: an open-label phase I trial. Clin Cancer Res. 2017;23(5):1156-66.

第 18 章 髓系恶性肿瘤

Myeloid Malignancies

唐晓文 马云菊 陈 娟 **译** 曹 江 **审**

尽管化疗仍然是急性髓系白血病（acute myeloid leukaemia，AML）的基本治疗方法，但近年来该疾病的治疗方案已取得了显著进展。临床上可供选择的方案包括靶向治疗（如 IDH1/2 抑制药、FLT3 抑制药和抗 BCL2 药物等）、调控表观遗传的药物、激酶抑制药（如 FLT3、MAPK 和 JAK2 等）、免疫治疗（包括与毒素结合或不结合的单克隆抗体、双特异性 / 双价抗体）及细胞免疫治疗。此外，尽管存在一定的毒性，异基因造血干细胞移植通常仍是有效的最终治疗选择。然而，大多数患者在经过几线治疗后出现复发 / 难治性。因此，对于难治性或复发性 AML 患者，临床上急需开发新的治疗方案。CAR-T 细胞疗法可能是一个有效的选择，并有望通过减少肿瘤负荷和延缓疾病进展来发挥重要作用（图 18-1）。

目前正在进行的几项研究旨在开发针对髓系恶性肿瘤的 CAR-T 细胞（Hofmann 等，2019）。然而，缺乏 AML 特异性标志物使得选择最佳靶向抗原变得不确定，并且对正常造血过程的脱靶效应仍然是一个严重问题。此外，从重度预处理患者中成功制备 CAR-T 细胞存在困难，这促使研究人员探索其他细胞来源，以建立替代的细胞治疗平台。

一、单一抗原靶向还是双重抗原靶向

早期的临床试验已经探讨了靶向 CD33 和 CD123 的 CAR-T 细胞的有效性。不幸的是，这些抗原并未避免“在靶离瘤”（如骨髓和内皮毒性）。因此，针对其他表面蛋白的 CAR-T 细胞，如 CLL-1、CD44v6、FLT3、c-KIT（CD117）、

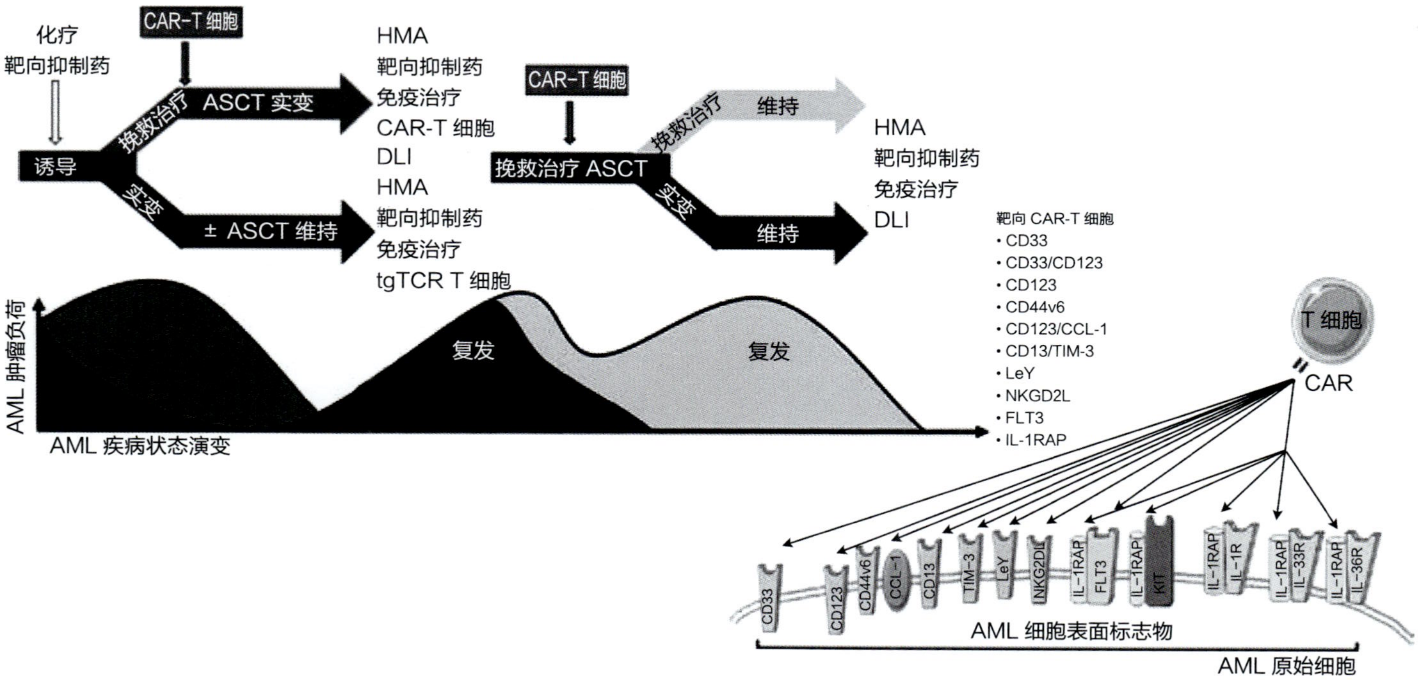

▲ 图 18-1　**CAR-T 细胞在 AML 治疗策略中的潜在作用**

AML. 急性髓系白血病；HMA. 去甲基化药物；DLI. 供体淋巴细胞输注；tgTCR. 转基因 T 细胞受体；ASCT. 异基因干细胞移植

CD38、B7-H3（CD276）、NKG2D 和 IL-1RAP，也正在进行临床前和临床研究（表 18-1）。

表 18-1 针对 AML 的 CAR-T 细胞免疫治疗研究 *

CAR-T 细胞	临床前结果	进　展	临床试验编号
CD33	骨髓消融性，需要异基因造血干细胞移植	1 期	NCT03126864
CD33	骨髓消融性，需要异基因造血干细胞移植	1/2 期	NCT03971799，NCT01864902
CD123	骨髓消融性，需要异基因造血干细胞移植	1 期	NCT03796390，NCT03585517，NCT03114670，NCT03766126，NCT04014881，NCT03190278，NCT02159495，NCT04230265，NCT04318678，NCT03672851
CD123	骨髓消融性，需要异基因造血干细胞移植	1/2 期	NCT04272125，NCT04265963，NCT04109482，NCT03556982
CCL-1	针对 AML 和造血干细胞	1 期	NCT04219163
CD38	针对 AML	1/2 期	NCT04351022
CD44v6	针对 AML	1/2 期	NCT04097301
FLT3	骨髓消融性，需要异基因造血干细胞移植	1 期	NCT03904069
KIT（CD117）	骨髓消融性，需要异基因造血干细胞移植	临床前	NCT03473457
B7-H3	减少造血干细胞毒性	临床前	无
CD13 TIM-3	减少造血干细胞毒性	临床前	无
PD-1	增强抗肿瘤效果	临床前	无
Lewis Y	反应时间短，毒性小	1 期	NCT01716364，无进一步研究
NKGD2L	反应时间短，毒性小	1 期	NCT02203825，无进一步研究
IL1RAP	针对白血病干细胞	临床前	NCT04169022
CD33/CD123	针对 AML 和造血干细胞	1 期	NCT04156256

（续表）

CAR-T 细胞	临床前结果	进　展	临床试验编号
CCL-1/CD123	针对 AML	2/3 期	NCT03631576
CCL-1/CD33	针对 AML	1 期	NCT03795779
CCL-1/CD33 和（或）CD123	针对 AML	1/2 期	NCT04010877
Muc1/CLL1/CD33/CD38/CD56/CD123	针对 AML	1/2 期	NCT03222674

AML. 急性髓系白血病；LSC. 白血病干细胞；HSC. 造血干细胞；ASCT. 异基因造血干细胞移植

*. 引自 www.clinicaltrials.gov，截至 2020 年 5 月 25 日

尽管经抗 CD123 单链抗体（scFv）修饰后的 CD123 CAR-T 细胞具有一定的造血毒性，但与 CD33 CAR-T 细胞相比更小（Mardiros 等，2013；Gill 等，2014；Thokala 等，2016）。由于 CD123 在干细胞上的表达，CD123 CAR-T 细胞可用作 ASCT 前的清髓方案，故可能是治疗 R/R AML 患者的有趣策略之一（Gill 等，2014；Cummins 和 Gill，2019；Testa 等，2019）。值得注意的是，IL-15 可增强 CD123 CAR-T 细胞的抗 AML 活性（Mu-Mosley 等，2019）。靶向 FLT3 或 CD117 的 CAR-T 细胞也是一种有潜力的治疗选择，并可 ASCT 相结合（Jetani 等，2018；Myburgh 等，2020）。靶向 Lewis Y 和 NKG2DL 的 CAR-T 细胞被认为是一种有潜力的治疗选项，尽管其毒性较低，但 I 期临床试验结果显示出这些疗法的反应持续时间较短（Ritchie 等，2013；Driouk 等，2019）。靶向 CD44v6 的 CAR-T 细胞对 AML 具有强效的抗肿瘤作用，同时可保护正常的造血干细胞（Casucci 等，2013），目前正在进行临床试验。靶向 IL1RAP CAR-T 细胞对白血病干细胞（leukaemia stem cell，LSC）表现出强效细胞毒作用（Warda 等，2019），并且对健康造血干细胞没有明显影响。靶向 FLT3 和 KIT 突变的 CAR-T 细胞同样显示出更强的特异性抗白血病活性（Mitchell 等，2018）。有趣的是，靶向 IL1RAP 会降低 IL-1、IL-6、IL-10、IL-13、IL-17、IL-22、IFN-γ 和 TNF-α 的水平（Højen 等，2019）。IL-4、IL-6 和 IL-10 的减少及 IL-17 的缺乏（Warda 等，2019）可能反过来限制细胞因子释放综合征和 IL-1 介导的免疫效应细胞相关神经毒性综合征（Garcia Borrega 等，2019）。不可忽视的是，IL-1β、IL-6 和 TNF-α 水平的降低会导致 IL-10 和

TGF-β 释放减少，从而影响 CAR-T 细胞功能（Epperly 等，2020）。

同时靶向 CD33 和 CD123 的 CAR-T 细胞也正在积极开发中，并表现出显著的抗白血病活性（Petrov 等，2018）。同样，CD123 和 CLL-1 复合 CAR-T 细胞可能对靶向白血病干细胞有杀伤作用（Morsink 等，2018；Shang 和 Zhou，2019）。

双特异性 CD13-TIM-3 CAR-T 细胞（He 等，2020）和 B7-H3 CAR-T 细胞（Lichtman 等，2018）显示出较弱的 HSC 毒性。此外，B7-H3 作为泛肿瘤靶点也在实体肿瘤中被积极研究（Waldman 等，2020）。初步报道显示，PD-1 抑制药也会调节 CAR-T 细胞反应。此外，PD-1 阻断 scFv CAR-T 细胞在临床前研究中显著提高了抗肿瘤疗效（Anonymous，2019）。虽然最近的报道提到了一些挑战，但进一步研究将有助于更好地理解这些问题（Mardiana 和 Gill，2020）。

二、嵌合受体的分子工程与替代细胞来源

除靶点外，优化嵌合受体的分子工程仍然至关重要。CD33 4-1BBz CAR-T 细胞已显示出抗白血病活性，伴随着越来越多的中央记忆表型，也具有抗耗竭的能力（Li 等，2018）。另一种减少造血毒性的策略是使用瞬时表达的 CART33，以诱导对 AML 细胞的自限性细胞毒性（Kenderian 等，2015）。另一个策略是，在移植前使 *CD33* 基因在 HSC 中失活，以防止 CAR-T 细胞引起的 CD33 相关造血毒性（Kim 等，2018）。

此外，为了避免或减少 CAR-T 细胞大量扩增相关毒性，提出了使用抗 CD52 抗体阿仑木单抗或基于 CD20 蛋白共表达的自杀基因策略，随后使用利妥昔单抗进行抗 CD20 靶向治疗（Introna 等，2000；Tasian 等，2017）。

目前，几项临床试验正在采用不同的效应细胞类型，如 NK 细胞（Daher 和 Rezvani，2021）或 TCR 编辑细胞（Provasi 等，2012）评估异基因 CAR-T 细胞在治疗恶性血液肿瘤中的可行性，从而限制 GVHD 并避免异基因排斥。在此方面，细胞因子诱导的杀伤（cytokine-induced killer，CIK）细胞引起的有限 GVHD（Martino Introna 等，2017）已在 Ⅰ / Ⅱ a 期研究中得到确认。另一项研究对接受异基因移植后复发的 B-ALL 患者使用了从先前移植供体中制备的 CD19 特异性 CAR CIK 细胞（CARCIK-CD19）（Magnani 等，2020）。值得注意的是，该研究验证了利用非病毒睡美人转座子系统生产 CAR-CIK 细胞

产品的可行性，从而提供了有效的病毒载体替代方案。靶向 AML 特征性分子 CD33 和 CD123，CAR 工程化的 CIK 细胞在 AML 中的体内外疗效也得到了证明（Tettamanti 等，2013；Pizzitola 等，2014；Arcangeli 等，2017；Rotiroti 等，2020）。

关键点

- 限制 CAR-T 细胞在髓系恶性肿瘤中应用的主要挑战是缺乏理想的抗原。
- 髓系抗原通常在正常造血干 / 祖细胞（haematopoietic stem/progenitor cells，HSPC）上共同表达。
- 通过“和（或）”双重 CAR 靶向可以克服骨髓毒性和内皮毒性。
- 异基因 CAR-T 细胞可能是未来的替代方案。

参考文献

［1］ Anonymous. Augmenting CAR-T cells with PD-1 blockade. Cancer Discov. 2019;9(2): 158. https://doi.org/10.1158/2159-8290. CD-NB2018-165.

［2］ Arcangeli S, Rotiroti MC, Bardelli M, Simonelli L, Magnani CF, Biondi A, Biagi E, Tettamanti S, Varani L. Balance of anti-CD123 chimeric antigen receptor binding affinity and density for the targeting of acute myeloid leukemia. Mol Ther. 2017;25(8):1933-45. https://doi.org/10.1016/j. ymthe.2017.04.017.

［3］ Borrega G, Jorge PG, Rüger MA, Onur ÖA, Shimabukuro-Vornhagen A, Kochanek M, Böll B. In the eye of the storm: immune-mediated toxicities associated with CAR-T cell therapy. HemaSphere. 2019;3(2):e191. https://doi.org/10.1097/HS9.0000000000000191.

［4］ Casucci M, di Robilant BN, Falcone L, Camisa B, Norelli M, Genovese P, Gentner B, et al. CD44v6-targeted T cells mediate potent antitumor effects against acute myeloid leukemia and multiple myeloma. Blood. 2013;122(20):3461-72. https://doi.org/10.1182/blood-2013-04-493361.

［5］ Cummins KD, Gill S. Chimeric antigen receptor T-cell therapy for acute myeloid leukemia: how close to reality? Haematologica. 2019;104(7):1302-8. https://doi.org/10.3324/ haematol.2018.208751.

［6］ Daher M, Rezvani K. Outlook for new CAR-based therapies with a focus on CAR NK cells: what lies beyond CAR-engineered T cells in the race against cancer. Cancer Discov. 2021;11(1):45-58. https://doi.org/10.1158/2159-8290. CD-20-0556.

［7］ Driouk L, Gicobi J, Kamihara Y, Rutherford K, Dranoff G, Ritz J, Baumeister SHC. Chimeric antigen receptor T cells targeting NKG2D-ligands show robust efficacy against acute myeloid leukemia and T-cell acute lymphoblastic leukemia. Blood. 2019;134(Suppl 1):1930. https://doi.org/10.1182/blood-2019-130113.

［8］ Epperly R, Gottschalk S, Paulina Velasquez M. A bump in the road: how the hostile AML microenvironment affects CAR-T cell therapy. Front Oncol. 2020;10:262. https://doi.org/10.3389/fonc.2020.00262.

［9］ Gill S, Tasian SK, Ruella M, Shestova O, Li Y, Porter DL, Carroll M, et al. Preclinical targeting of human acute myeloid leukemia and myeloablation using chimeric antigen receptor-modified T cells. Blood. 2014;123(15):2343-54. https://doi.org/10.1182/blood-2013-09-529537.

[10] He X, Feng Z, Ma J, Ling S, Cao Y, Gurung B, Wu Y, et al. Bispecific and split CAR-T cells targeting CD13 and TIM3 eradicate acute myeloid leukemia. Blood. 2020;135(10):713-23. https://doi.org/10.1182/blood.2019002779.

[11] Hofmann S, Schubert M-L, Wang L, He B, Neuber B, Dreger P, Müller-Tidow C, Schmitt M. Chimeric antigen receptor (CAR) T cell therapy in acute myeloid leukemia (AML). J Clin Med. 2019;8(2):200. https://doi.org/10.3390/jcm8020200.

[12] Højen JF, Kristensen MLV, McKee AS, Wade MT, Azam T, Lunding LP, de Graaf DM, et al. IL-1R3 blockade broadly attenuates the functions of six members of the IL-1 family, reveal-ing their contribution to models of disease. Nat Immunol. 2019;20(9):1138-49. https://doi. org/10.1038/s41590-019-0467-1.

[13] Introna M, Barbui AM, Bambacioni F, Casati C, Gaipa G, Borleri G, Bernasconi S, et al. Genetic modification of human T cells with CD20: a strategy to purify and lyse transduced cells with anti-CD20 antibodies. Hum Gene Ther. 2000;11(4):611-20. https://doi. org/10.1089/10430340050015798.

[14] Introna M, Lussana F, Algarotti A, Gotti E, Valgardsdottir R, Mico C, Grassi A, et al. Phase II study of sequential infusion of donor lymphocyte infusion and cytokine-induced killer cells for patients relapsed after allogeneic hematopoietic stem cell transplantation. Biol Blood Marrow Transplant. 2017;23(12):2070-8. https://doi.org/10.1016/j.bbmt.2017.07.005.

[15] Jetani H, Garcia-Cadenas I, Nerreter T, Thomas S, Rydzek J, Meijide JB, Bonig H, et al. CAR-T cells targeting FLT3 have potent activity against FLT3(-)ITD(+) AML and act synergistically with the FLT3-inhibitor crenolanib. Leukemia. 2018;32(5):1168-79. https://doi.org/10.1038/s41375-018-0009-0.

[16] Kenderian SS, Ruella M, Shestova O, Klichinsky M, Aikawa V, Morrissette JJD, Scholler J, et al. CD33-specific chimeric antigen receptor T cells exhibit potent preclinical activity against human acute myeloid leukemia. Leukemia. 2015;29(8):1637-47. https://doi.org/10.1038/leu.2015.52.

[17] Kim MY, Kyung-Rok Y, Kenderian SS, Ruella M, Chen S, Shin T-H, Aljanahi AA, et al. Genetic inactivation of CD33 in hematopoietic stem cells to enable CAR-T cell immunotherapy for acute myeloid leukemia. Cell. 2018;173(6):1439-1453.e19. https://doi.org/10.1016/j. cell.2018.05.013.

[18] Li S, Tao Z, Yingxi X, Liu J, An N, Wang Y, Xing H, et al. CD33-specific chimeric antigen receptor T cells with different co-stimulators showed potent anti-leukemia efficacy and different phenotype. Hum Gene Ther. 2018;29(5):626-39. https://doi.org/10.1089/hum.2017.241.

[19] Lichtman E, Hongwei D, Savoldo B, Ferrone S, Li G, Lishan S, Dotti G. Pre-clinical evaluation of B7-H3-specific chimeric antigen receptor T-cells for the treatment of acute myeloid leukemia. Blood. 2018;132(Suppl 1):701. https://doi.org/10.1182/blood-2018-99-113468.

[20] Magnani CF, Gaipa G, Lussana F, Belotti D, Gritti G, Napolitano S, Matera G, et al. Sleeping beauty-engineered CAR-T cells achieve antileukemic activity without severe toxicities. J Clin Invest. 2020;130(11):6021-33. https://doi.org/10.1172/JCI138473.

[21] Mardiana S, Gill S. CAR-T cells for acute myeloid leukemia: state of the art and future directions. Front Oncol. 2020;10:697. https://doi.org/10.3389/fonc.2020.00697.

[22] Mardiros A, Dos Santos C, McDonald T, Brown CE, Xiuli Wang L, Budde E, Hoffman L, et al. T cells expressing CD123-specific chimeric antigen receptors exhibit specific cytolytic effector functions and antitumor effects against human acute myeloid leukemia. Blood. 2013;122(18):3138-48. https://doi.org/10.1182/blood-2012-12-474056.

[23] Mitchell K, Barreyro L, Todorova TI, Taylor SJ, Antony-Debré I, Narayanagari S-R, Carvajal LA, et al. IL1RAP potentiates multiple oncogenic signaling pathways in AML. J Exp Med. 2018;215(6):1709-27. https://doi.org/10.1084/jem.20180147.

[24] Morsink L, Walter R, Ossenkoppele G. Prognostic and therapeutic role of CLEC12A in acute myeloid leukemia. Blood Rev. 2018;34:26-33. https://doi.org/10.1016/j.blre.2018.10.003.

[25] Mu-Mosley H, Ostermann LB, Muftuoglu M, Schober W, Patel NB, Vaidya A, Bonifant CL, Gottschalk

S, Velasquez MP, Andreeff M. Transgenic expression of IL15 in CD123-specific BiTE-secreting engager T-cells results in improved anti-AML activity. Blood. 2019;134(Suppl 1):3917. https://doi.org/10.1182/blood-2019-125928.

[26] Myburgh R, Kiefer JD, Russkamp NF, Magnani CF, Nuñez N, Simonis A, Pfister S, et al. Anti-human CD117 CAR-T cells efficiently eliminate healthy and malignant CD117-expressing hematopoietic cells. Leukemia. 2020;34(10):2688-703. https://doi.org/10.1038/s41375-020-0818-9.

[27] Petrov JC, Wada M, Pinz KG, Yan LE, Chen KH, Shuai X, Liu H, et al. Compound CAR-T cells as a double-pronged approach for treating acute myeloid leukemia. Leukemia. 2018;32(6):1317-26. https://doi.org/10.1038/s41375-018-0075-3.

[28] Pizzitola I, Anjos-Afonso F, Rouault-Pierre K, Lassailly F, Tettamanti S, Spinelli O, Biondi A, Biagi E, Bonnet D. Chimeric antigen receptors against CD33/CD123 antigens efficiently target primary acute myeloid leukemia cells in vivo. Leukemia. 2014;28(8):1596-605. https://doi. org/10.1038/leu.2014.62.

[29] Provasi E, Genovese P, Lombardo A, Magnani Z, Liu P-Q, Reik A, Chu V, et al. Editing T cell specificity towards leukemia by zinc finger nucleases and lentiviral gene transfer. Nat Med. 2012;18(5):807-15. https://doi.org/10.1038/nm.2700.

[30] Ritchie DS, Neeson PJ, Khot A, Peinert S, Tai T, Tainton K, Chen K, et al. Persistence and efficacy of second generation CAR-T cell against the LeY antigen in acute myeloid leukemia. Mol Ther. 2013;21(11):2122-9. https://doi.org/10.1038/mt.2013.154.

[31] Rotiroti MC, Buracchi C, Arcangeli S, Galimberti S, Valsecchi MG, Perriello VM, Rasko T, et al. Targeting CD33 in chemoresistant AML patient-derived xenografts by CAR-CIK cells modified with an improved SB transposon system. Mol Ther. 2020;28(9):1974-86. https://doi. org/10.1016/j.ymthe.2020.05.021.

[32] Roussel X, Daguindau E, Berceanu A, Desbrosses Y, Warda W, Neto M, da Rocha R, Trad ED, Deschamps M, Ferrand C. Acute myeloid leukemia: from biology to clinical practices through development and pre-clinical therapeutics. Front Oncol. 2020;10:599933. https://doi. org/10.3389/fonc.2020.599933.

[33] Shang Y, Zhou F. Current advances in immunotherapy for acute leukemia: an overview of antibody, chimeric antigen receptor, immune checkpoint, and natural killer. Front Oncol. 2019;9:917. https://doi.org/10.3389/fonc.2019.00917.

[34] Tasian SK, Kenderian SS, Shen F, Ruella M, Shestova O, Kozlowski M, Li Y, et al. Optimized depletion of chimeric antigen receptor T cells in murine xenograft models of human acute myeloid leukemia. Blood. 2017;129(17):2395-407. https://doi.org/10.1182/blood-2016-08-736041.

[35] Testa U, Pelosi E, Castelli G. CD123 as a therapeutic target in the treatment of hematological malignancies. Cancers. 2019;11(9):1358. https://doi.org/10.3390/cancers11091358.

[36] Tettamanti S, Marin V, Pizzitola I, Magnani CF, Giordano GMP, Attianese EC, Maltese F, et al. Targeting of acute myeloid leukaemia by cytokine-induced killer cells redirected with a novel CD123-specific chimeric antigen receptor. Br J Haematol. 2013;161(3):389-401. https://doi. org/10.1111/bjh.12282.

[37] Thokala R, Olivares S, Mi T, Maiti S, Deniger D, Huls H, Torikai H, et al. Redirecting specificity of T cells using the sleeping beauty system to express chimeric antigen receptors by mix-and-matching of VL and VH domains targeting CD123+ tumors. PLoS One. 2016;11(8):e0159477.

[38] Waldman AD, Fritz JM, Lenardo MJ. A guide to cancer immunotherapy: from T cell basic science to clinical practice. Nat Rev Immunol. 2020;20(11):651-68. https://doi.org/10.1038/s41577-020-0306-5.

[39] Warda W, Larosa F, Da Rocha MN, Trad R, Deconinck E, Fajloun Z, Faure C, et al. CML hematopoietic stem cells expressing IL1RAP can be targeted by chimeric antigen receptor-engineered T cells. Cancer Res. 2019;79(3):663-75. https://doi.org/10.1158/0008-5472. CAN-18-1078.

第 19 章　CAR-T 细胞治疗实体肿瘤的进展

Developments in Solid Tumours

刘　洋　**译**　　李春蕊　**审**

CAR-T 细胞已成为难治性血液恶性肿瘤患者的一种突破性疗法，其极具前景的临床效果推动了这一治疗策略在其他癌症类型中的应用。然而，在实体瘤中尚未观察到 CAR-T 细胞治疗取得类似的成功。多种因素限制了 CAR-T 细胞治疗在实体瘤中的疗效，包括肿瘤微环境的免疫抑制特性、CAR-T 细胞的归巢和浸润受阻，难以识别具有最佳表达和良好安全性的可靶向抗原，CAR-T 细胞剂量递增的限制等（Comoli 等，2019）。克服这些挑战对于实现 CAR-T 细胞治疗实体瘤的成功至关重要。

目前，已有数项临床试验探讨了 CAR-T 细胞在实体瘤治疗中的疗效。迄今为止，这些临床试验结果并不理想，普遍缺乏治疗反应，并且存在“在靶脱肿瘤”毒性（on-target off-tumor toxicity，OTOT）。但有少部分研究取得了一定进展，证实了在实体瘤中进一步探索 CAR-T 细胞治疗的合理性，很多相关研究也正在全世界各个地区进行（Comoli 等，2019）。

早期针对 GD2 的 CAR-T 细胞研究显示，其在神经母细胞瘤患儿中取得了客观缓解（Pule 等，2008）。由此，研究人员通过插入第三代 CAR 对淋巴细胞进行了修饰。最新的研究显示，NK 细胞也可成功的导入 GD2-CAR-IL-15 片段进行工程化改造。

目前，多项研究已在胶质母细胞瘤（glioblastoma multiforme，GBM）患者中评估了不同靶点 CAR-T 细胞的安全性和抗瘤效能，其靶点包括 IL-13Rα2、EGFRvⅢ、HER2 等。其中，一项共刺激域为 CD28、靶向 HER2 的第二代病毒特异性 CAR-T 细胞的临床研究显示出良好的临床耐受性，同时未观察到剂量限制性毒性。其疗效数据显示：1 例患者获得了超过 9 个月的部分缓解（partial response，PR），7 例患者获得持续数月的疾病稳定（stable disease，SD）（Ahmed 等，2017）。其他临床试验也证实了，靶向 EGFRv Ⅲ 和靶向 IL13BBζ 的 CAR-T 细胞在难治性 GBM 患者治疗中的可行性、安全性和有效性（Brown 等，2016）。

在胃肠道肿瘤领域，一项临床试验使用靶向癌胚抗原的 CAR-T 细胞治疗 10 例转移性结直肠癌（colorectal cancer，CRC）患者，7 例患者获得 SD，并且未观察到 CAR-T 细胞相关严重不良反应（Zhang 等，2017）。但早期研究中（Morgan 等，2010），靶向 HER2 的第三代 CAR-T 细胞治疗 CRC，因 CAR-T 细胞识别肺上皮细胞表达的低水平 HER2 抗原，导致一例患者出现致命的急性呼吸窘迫综合征。一项 Ⅰ 期临床研究中，评估了靶向 HER2 的第二代 CAR-T 细胞治疗 11 例晚期胆道癌或胰腺癌患者的疗效和安全性。研究观察到，1 例患者获得了持续 4.5 个月的 PR，5 例患者获得 SD；不良反应可控，主要为 3 级发热，1 例患者出现 CAR-T 细胞治疗相关的肝酶升高，1 例胃部受累患者在 CAR-T 细胞输注后 11 天发生可逆性严重上消化道出血，另有 2 例患者出现 1～2 级延迟性发热，并伴有 C 反应蛋白（C-reactive protein，CRP）和 IL-6 水平升高（Feng 等，2018）。这一研究团队还采用分别靶向 EGFR 和 CD133 的两种 CAR-T 细胞序贯回输，治疗 1 例晚期不可切除 / 转移性胆管癌患者，获得了持续时间超过 12 个月的 PR。同时，也观察到了靶向 EGFR 的 CAR-T 细胞可引起轻微肝毒性，以及靶向 CD133 的 CAR-T 细胞引起表皮和内皮损伤。

与上述研究类似，一项 Ⅰ 期临床试验使用靶向 HER2 的第二代 CAR-T 细胞治疗 19 例难治性 HER2 阳性肉瘤患者，4 例患者获得 SD 且持续时间从 12 周到 14 个月不等（Ahmed 等，2015）。

宾夕法尼亚大学的研究者构建了一种基于 mRNA 转导、靶向间皮素的 CAR-T 细胞（mesothelin-directed chimeric antigen receptor T cells，meso CAR-T），用于治疗晚期恶性胸膜间皮瘤或晚期胰腺癌患者。在最初报道的两例患者中，meso CAR-T 细胞在体内显示出抗肿瘤活性，并且未出现明显的不良反应（Beatty 等，2014）。在另一项 Ⅰ 期临床试验中，采用靶向 EGFR 的第二代 CAR-T 细胞治疗 11 例晚期非小细胞肺癌患者，结果显示 2 例患者获得 PR，5 例患者达到 SD，持续时间为 2～8 个月不等，不良反应包括皮肤毒性、恶心、呕吐、呼吸困难和低血压（Feng 等，2016）。

另外一些 I 期临床研究和病例系列报道了 CAR-T 细胞治疗其他实体肿瘤的情况，如黑色素瘤、乳腺癌、肾细胞癌、前列腺癌、卵巢和精囊癌（Fucà 等，2020）。

CAR-T 细胞治疗实体瘤过程中观察到了多种不良反应。细胞因子释放综合征是 CAR-T 细胞治疗血液系统恶性肿瘤常见且可能较为严重的不良反应。然而，在 CAR-T 细胞治疗实体瘤中，CRS 和神经毒性并不常发生。这一点与血液肿瘤中的结果大相径庭，可能与实体瘤肿瘤负荷相对较低有关。相反，实体瘤队列中的 CAR-T 细胞临床试验显示，CAR-T 细胞可能识别健康组织上表达的肿瘤相关抗原，从而引发严重且意想不到的 OTOT（Morgan 等，2010；Lamers 等，2013）。靶向肿瘤特异性抗原可以减少脱靶效应，但这些 CAR-T 细胞是否具有很好的临床疗效仍有待观察，许多相关临床试验还在进行中。目前正在评估多种策略，以提高 CAR-T 细胞靶向实体瘤特异性，同时避免损伤正常组织，从而更好地控制 OTOT。

尽管出现了对抗生物学屏障、肿瘤异质性和免疫抑制性肿瘤微环境的新基因工程技术和组合方法，但在临床实践中利用 CAR-T 细胞治疗实体瘤仍然面临诸多挑战。T 细胞疗法，无论是单独使用还是与免疫检查点抑制药或其他靶向肿瘤细胞或肿瘤微环境的药物联合使用，都有望改善肿瘤治疗结局（Apetoh 等，2015）。设计和选择最合适的临床试验，以在不同患者群体中快速确定 CAR-T 细胞治疗有效的组合方法，并识别出最适合单独使用免疫检查点抑制药（Chalabi 等，2020）或需要加用其他靶向免疫治疗的患者，将是 CAR-T 细胞未来能否在实体瘤治疗中取得成功的最迫切需求。

关键点

- CAR-T 细胞正在被开发用于多种实体瘤的治疗，但尚未取得重要突破。
- 肿瘤异质性、免疫抑制性肿瘤微环境及其他障碍是 CAR-T 细胞在实体瘤治疗中发挥疗效必须克服的难题。
- 不同学术中心针对 CAR-T 细胞制备的网络化协作模式可能更有利于这一领域的进步。

参考文献

[1] Ahmed N, Brawley VS, Hegde M, et al. Human epidermal growth factor receptor 2 (HER2)-specific chimeric antigen receptor-modified T cells for the immunotherapy of HER2-positive sarcoma. J Clin Oncol. 2015;20(33):1688-96.

[2] Ahmed N, Brawley V, Hegde M, et al. HER2-specific chimeric antigen receptor-modified virus-specific T cells for progressive glioblastoma: a phase 1 dose-escalation trial. JAMA Oncol. 2017;3:1094-101.

[3] Apetoh L, Ladoire S, Coukos G, et al. Combining immunotherapy and anticancer agents: the right path to achieve cancer cure? Ann Oncol. 2015;26:1813-23.

[4] Beatty GL, Haas AR, Maus MV, et al. Mesothelin-specific chimeric antigen receptor mRNA-engineered T cells induce anti-tumor activity in solid malignancies. Cancer Immunol Res. 2014;2:112-20.

[5] Brown C, Alizadeh D, Starr R, et al. Regression of glioblastoma after chimeric antigen receptor T-cell therapy. N Engl J Med. 2016;375:2561-9.

[6] Chalabi M, Fanchi LF, Dijkstra KK, et al. Neoadjuvant immunotherapy leads to pathological responses in MMR-proficient and MMR-deficient early-stage colon cancers. Nat Med. 2020;26:566-76.

[7] Comoli P, Chabannon C, Koehl U, Lanza F, Urbano-Ispizua A, Hudecek M, Ruggeri A, Secondino S, Bonini C, Pedrazzoli P. Development of adaptive immune effector therapies in solid tumors. Ann Oncol. 2019;30:1740-50.

[8] Feng K, Guo Y, Dai H, et al. Chimeric antigen receptor-modified T cells for the immunotherapy of patients with EGFR expressing advanced relapsed/refractory non-small cell lung cancer. Sci China Life Sci. 2016;59:468-79.

[9] Feng K, Liu Y, Guo Y, Qiu J, Wu Z, Dai H, et al. Phase I study of chimeric antigen receptor modified T cells in treating HER2-positive advanced biliary tract cancers and pancreatic cancers. Protein Cell. 2018;9:838-47.

[10] Fucà G, Reppel L, Landoni E, Savoldo B, Dotti G. Enhancing chimeric antigen receptor T-cell efficacy in solid tumors. Clin Cancer Res. 2020;26:2444-51.

[11] Heczey A, Courtney AN, Montalbano A, Robinson S, Liu K, Li M, Ghatwai N, Dakhova O, Liu B, Raveh-Sadka T, Chauvin-Fleurence CN, Xu X, Ngai H, Di Pierro EJ, Savoldo B, Dotti G, Metelitsa LS. Anti-GD2 CAR-NKT cells in patients with relapsed or refractory neuroblastoma: an interim analysis. Nat Med. 2020;26:1686-90.

[12] Lamers CH, Sleijfer S, van Steenbergen S, et al. Treatment of metastatic renal cell carcinoma with CAIX CAR-engineered T cells: clinical evaluation and management of on-target toxicity. Mol Ther. 2013;21:904-12.

[13] Morgan RA, Yang JC, Kitano M, Dudley ME, Laurencot CM, Rosenberg SA. Case report of a serious adverse event following the administration of T cells transduced with a chimeric antigen receptor recognizing ERBB2. Mol Ther. 2010;18:843-51.

[14] Pule M, Savoldo B, Myers GD, et al. Virus-specific T cells engineered to coexpress tumor-specific receptors: persistence and antitumor activity in individuals with neuroblastoma. Nat Med. 2008;14:1264-70.

[15] Zhang C, Wang Z, Yang Z, et al. Phase I escalating-dose trial of CAR-T therapy targeting CEA(+) metastatic colorectal cancers. Mol Ther. 2017;25:1248-58.

第四篇

CAR-T 细胞治疗患者的临床管理

Clinical Management of Patients Treated with CAR-T Cells

第 20 章　桥接化疗：成人急性淋巴细胞白血病

Bridging Chemotherapy: Adult Acute Lymphoblastic Leukaemia

周红升　**译**　　刘　辉　**审**

CAR-T 细胞制备过程中，在白细胞单采后和淋巴细胞清除前可以进行桥接治疗，其主要目标是在 CAR-T 细胞输注前防止疾病的潜在失控进展。多项研究表明，高肿瘤负荷与 CAR-T 细胞输注后的并发症风险增加有关（Cohen 等，2019）。因此，在 CAR-T 细胞制备期间控制疾病进展，甚至降低肿瘤负荷至关重要，在此期间选择桥接治疗具有重要意义。

CD19 CAR-T 细胞治疗 B 细胞急性淋巴细胞白血病的临床试验一致报道了较高的患者脱落率，主要由于疾病进展或治疗相关并发症（Park 等，2018；Maude 等，2018）。例如，在 ELIANA 研究中，75 名接受 CAR-T 输注的患者中，有 65 人（87%）在入组后至输注前接受了桥接化疗，而在该试验 92 名入组患者中有 10 名因严重不良事件或死亡未能接受输注（Maude 等，2018）。在纪念斯隆凯特琳癌症中心（Memorial Sloan Kettering Cancer Center，MSKCC）的研究中，最终接受 CAR-T 输注的成人患者比例为 65%（54/83），主要原因是疾病进展和死亡（Park 等，2018）。这反映了在自体 CAR-T 细胞制备所需的 3～6 周内（桥接期），临床管理面临着严峻挑战。

鉴于 CD19 CAR-T 疗法目前适用于已经接受过一线或多线潜在有效治疗（通常包括几种药物的组合）的复发 / 难治性 B-ALL 患者，并且这些患者通常需要针对迅速进展的疾病或高肿瘤负荷进行治疗干预，因此选择最佳方案并非易事。

目前有多种桥接治疗选择，包括高强度化疗、靶向药物（如酪氨酸激酶抑制药）、免疫疗法（如 CD19 或 CD22 靶向疗法）及低强度化疗方法（如长春新碱、6- 巯基嘌呤、类固醇、硫唑嘌呤等）。每种方法都有其优缺点。例如，高强度化疗可能毒性过大导致 CAR-T 细胞治疗无法进行，而低强度化疗在降低肿瘤负荷方面可能效果不佳。

此外，使用 CD19 靶向治疗，如双特异性 T 细胞接合剂贝林妥欧单抗，可能对后续的 CD19 CAR-T 细胞治疗的疗效产生影响（Pillai 等，2019），其中与 CD19 靶向治疗相关的常见肿瘤逃逸机制已被报道（Boissel，2021）。在 ELIANA 试验中，贝林妥欧单抗的使用被列为排除标准（Maude 等，2018），但在其他类似试验中允许使用。在 Tisagenlecleucel 的扩展队列中，先前接受贝林妥欧单抗治疗的患者的总缓解率为 67%，而其他患者为 90%（Baruchel 等，2020）。然而，尚未获得关于这一重要挽救治疗选项的统一数据。

最近，MSKCC 小组回顾了一项单中心、Ⅰ期 CD19 特异性 CAR-T 细胞治疗复发 / 难治成人 ALL 试验（ClinicalTrials.gov NCT01044069），分析入组患者不同桥接策略和结果（Perica 等，2021）。结果观察到，在桥接期间降低肿瘤负荷与 CAR-T 疗法后的良好结果相关，因此有必要采取最佳策略在桥接期间降低肿瘤负荷，其团队建议根据 CAR-T 细胞治疗决策时的肿瘤负荷选择合适的桥接策略。对于低肿瘤负荷的患者，推荐低强度治疗；对于高肿瘤负荷且对化疗耐药的患者（如对先前化疗方部分缓解或短暂缓解），或不太可能从高强度桥接中获益的患者，推荐低强度化疗或靶向治疗（如伊诺珠单抗）；对于高肿瘤负荷但预期对化疗敏感（如先前化疗暴露有限、晚期复发或对最后一线化疗敏感）的患者，则需要仔细评估高强度与低强度治疗的风险和收益。事实上，该研究显示高强度化疗组在桥接期间的感染率增加。

总之，肿瘤负荷、患者合并症和疾病特征应决定最佳桥接治疗的选择。该治疗的目标并非完全根除疾病，而是降低肿瘤负荷，使患者在接受 CAR-T 细胞输注时保持良好的临床状态。降低肿瘤负荷的益处可能有两个方面：①降低包括细胞因子释放综合征在内的早期不良事件的风险；②改善 CAR-T 细胞治疗后的预后。尽管为了排除可能对 CAR-T 细胞扩增或活性的干扰，针对 B 细胞靶向治疗的作用应进一步仔细研究，但靶向和低强度治疗方法可能有助于实现这一目标。相反，高强度化疗应限制在那些预期能够迅速减少肿瘤负荷且利益大于感染或其他毒性事件风险的以 CAR-T 细胞治疗为导向策略的病例中。

关键点

- CAR-T 细胞输注前控制原发病十分重要。

参考文献

[1] Baruchel A, Krueger J, Balduzzi A, et al. Tisagenlecleucel for pediatric/young adults with relapsed/refractory acute lymphoblastic leukemia: preliminary report on B2001X study focusing on prior exposure to blinatumomab and inotuzumab. J Clin Oncol. 2020;38(15 Suppl):10518.
[2] Boissel N. ALL in escape room. Blood. 2021;137(4):432-4.
[3] Cohen AD, Garfall AL, Stadtmauer EA, et al. B cell maturation antigen-specific CAR-T cells are clinically active in multiple myeloma. J Clin Invest. 2019;129(6):2210-21.
[4] Maude SL, Laetsch TW, Buechner J, Rives S, Boyer M, Bittencourt H, et al. Tisagenlecleucel in children and young adults with B-cell lymphoblastic leukemia. N Engl J Med. 2018;378:439-48.
[5] Park JH, Rivière I, Gonen M, et al. Long-term follow-up of CD19 CAR-therapy in acute lymphoblastic leukemia. N Engl J Med. 2018;378:449-59.
[6] Perica K, Flynn J, Curran KJ, et al. Impact of bridging chemotherapy on clinical outcome of CD19 CAR-T therapy in adult acute lymphoblastic leukemia. Leukemia. 2021;35(11):3268-71.
[7] Pillai V, Muralidharan K, Meng W, et al. CAR-T cell therapy is effective for CD19-dim B-lymphoblastic leukemia but is impacted by prior blinatumomab therapy. Blood Adv. 2019;3:3539-49.

拓展阅读

[1] Anagnostou T, Riaz IB, Hashmiet SK, et al. Anti-CD19 chimeric antigen receptor T-cell therapy in acute lymphocytic leukaemia: a systematic review and metaanalysis. Lancet Haematol. 2020;7:e816–26.
[2] Brentjens RJ, Rivière I, Park JH, et al. Safety and persistence of adoptively transferred autologous CD19-targeted T cells in patients with relapsed or chemotherapy refractory B-cell leukemias. Blood. 2011;118:4817–28.
[3] Davila ML, Riviere I, Wang X, et al. Effcacy and toxicity management of 19-28z CAR-T cell therapy in B cell acute lymphoblastic leukemia. Sci Transl Med. 2014;6:224ra25.
[4] Lee DW, Kochenderfer JN, Stetler-Stevenson M, et al. T cells expressing CD19 chimeric antigen receptors for acute lymphoblastic leukaemia in children and young adults: a phase 1 doseescalation trial. Lancet. 2015;385:517–28.
[5] Maude SL, Frey N, Shaw PA, et al. Chimeric antigen receptor T cells for sustained remissions in leukemia. N Engl J Med. 2014;371:1507–17.

第21章 在急性淋巴细胞白血病的儿童、青少年和年轻成年人中，CAR-T 细胞治疗的桥接策略

Bridging to CAR-T Cells in Children, Adolescents, and Young Adults with ALL

曹 江 **译** 唐晓文 **审**

一、桥接治疗的重要性

大多数患者（包括婴儿）都可以进行白细胞采集术，但并非所有患者都会接受自体 CAR-T 细胞治疗。以 ELIANA 试验为例，97 名患者成功筛选并入组，但最终只有 79 名患者完成了细胞输注。在剩下的 18 名患者中，有 10 名患者在制备 CAR-T 细胞过程中死亡或经历了不良事件，8 名患者在制备 CAR-T 细胞过程中出现问题（Grupp 等，2018）。

与异基因造血干细胞移植预期不同，优化桥接 CAR-T 细胞治疗的作用不是为了获得最低的疾病残留水平，而是通过减少或稳定肿瘤负荷，使患者在良好的临床状态下输注 CAR-T 细胞。

（一）需要注意的内容

- 从细胞采集到输注的时间间隔变化很大，在临床试验中可能在 3 周～3 个月之间。对于批准的商业化 CAR-T 产品（Tisagenlecleucel），时间间隔在 3～4 周范围内。值得注意的是，在学术型封闭系统中使用新鲜 T 细胞和去中心化生产时，制备时间可能会更短。
- 许多变量可以影响最终的制备时间。
  - 冻存到运输：因为生产时段的问题可能导致时间损耗。
  - 制造地点：美国与欧洲国家。

- 细胞治疗实验室的可用性：接受患者外周血采集物和随后相同的实验室和药剂师制备 CAR-T 细胞。
- 临床科室是否存在可用病房，以及在发生并发症时患者能否及时转入 ICU。
- 最重要的是病程和临床状况，主要风险是疾病进展、感染（特别是真菌疾病）的发生，以及与化疗 / 免疫疗法（如伊诺珠单抗）相关的其他严重不良事件。

（二）“桥接艺术”的步骤

- 选择最佳化疗方案需要综合考虑疾病生物学、先前对治疗的敏感性及患者的耐药史。没有“一刀切”的方案。
- 旨在减少疾病负担的情况下进行淋巴细胞清除和细胞输注，以降低细胞因子释放综合征的发生率并提高最终效果。
- 监测不完全在控制之下的患者：必须与转诊中心密切合作，并保持频繁联系（每周至少 2 次）。

（三）可能的选择示例（表 21-1）

表 21-1 根据肿瘤负荷、疾病部位和进展速度，在接受 CAR-T 细胞治疗前可能的桥接方案[a]

治疗选择	适应证
无治疗	冒烟型疾病
低强度化疗 • 每周使用长春新碱（Vincristine，VCR），联合口服 6- 巯基嘌呤（6-Mercaptopurine，6-MP）和甲氨蝶呤（methotrexate，MTX） • 每周使用 VCR，联合每周 2 天的地塞米松（Dexamethasone，DEX）6mg/m²	低疾病负荷和（或）进展缓慢的急性淋巴细胞白血病
中等强度化疗 • 巩固 «IB»（6-MP，阿糖胞苷，环磷酰胺） • 每周使用 VCR，联合 DEX、硼替佐米、天冬氨酸酶	中等疾病负荷和（或）进展性 ALL
高强度化疗 • 高剂量阿糖胞苷，VP16- 环磷酰胺，hyper CVAD • 若有中枢神经系统受累，使用高剂量 MTX	侵袭性疾病或 EMD[b]
极高强度化疗 • 顺贯治疗，如高剂量阿糖胞苷后低剂量治疗	快速进展的疾病

a. 靶向药物（如酪氨酸激酶抑制药）可以与低强度化疗联合用于 Ph^+ALL 和 ABL 融合 ALL
b. EMD. 髓外疾病

二、免疫治疗是否有一席之地

随访的数据表明，CD19 靶向疗法（如贝林妥欧单抗）在 CD19 CAR-T 细胞治疗之前的治疗可能是有害的，尤其是在选择 CD19 阴性克隆时（Pillai 等，2019；Baruchel 等，2020；Taraseviciute 等，2020）。

奥加伊妥珠单抗是一种抗 CD22 抗体偶联药物，可以用于化疗耐药的患者，但可能导致较高的微小残留病转阴率，有时甚至没有剩余正常的 B 细胞，这可能理论上导致 CAR-T 细胞扩增和持久存活的水平不足。在最近的一项临床试验中（Baruchel 等，2020），这种治疗与无事件生存期下降相关。奥加伊妥珠单抗也不推荐在 CD22 CAR-T 细胞之前使用。

关键点

- 最佳桥接治疗的目标不是获得最低的疾病残留水平，而是为了减少或稳定肿瘤负荷，以确保患者在 CAR-T 细胞输注时处于良好的临床状态。
- 这一领域没有“一刀切”的方案。需要深入了解疾病生物学、新兴靶点、以往对治疗的敏感性及患者的耐药史。

参考文献

［1］ Baruchel A, Krueger J, Balduzzi A. Tisagenlecleucel for pediatric/young adult patients with relapsed/refractory b-cell acute lymphoblastic leukemia: preliminary report of B2001X focusing on prior exposure to blinatumomab and inotuzumab. EHA Library. 2020;294938:S118.

［2］ Grupp SA, Maude SL, Rives S, et al. Updated analysis of the efficacy and safety of tisagenlecleucel in pediatric and young adult patients with relapsed/refractory (r/r) acute lymphoblastic leukemia. Blood. 2018;132(Suppl 1):895.

［3］ Pillai V, Muralidharan K, Meng W, et al. CAR-T cell therapy is effective for CD19-dim B-lymphoblastic leukemia but is impacted by prior blinatumomab therapy. Blood Adv. 2019;3:3539-49.

［4］ Taraseviciute A, Steinberg SM, Myers RM, et al. Pre-CAR blinatumomab is associated with increased post-CD19 CAR relapse and decreased event free survival. Blood. 2020;136(Suppl 1):13-4.

第 22 章　桥接化疗：复发 / 难治性侵袭性 B 细胞淋巴瘤

Bridging Chemotherapy:Relapsed/Refractory Aggressive B-Cell Lymphoma

王　黎　**译**　　杨　婷　**审**

一、在复发 / 难治性侵袭性 B 细胞淋巴瘤中是否需要桥接治疗

白细胞分离术与 CAR-T 细胞输注之间的时间间隔对于许多伴有症状性疾病的复发 / 难治性 B 细胞淋巴瘤患者至关重要，这些患者在细胞制备期间若未接受治疗可能因疾病进展导致死亡。临床肿瘤学家通常通过桥接治疗（bridging therapy，BT）应对这一困境，可选方案包括糖皮质激素、化疗、靶向治疗或放疗。然而，在支持阿基仑赛获批的关键注册研究 ZUMA-1 中，纳入的 R/R 弥漫性大 B 细胞淋巴瘤患者仅允许使用地塞米松作为桥接治疗（Neelapu 等，2017）。相比之下，支持 Tisagenlecleucel（Tisa-cel）和 Lisocabtagene maraleucel（Liso-cel）上市的 JULIET 与 TRANSCEND 试验允许系统性治疗（化疗 / 靶向治疗）、放疗或其联合方案作为 BT（Schuster 等，2019；Locke 等，2019；Abramson 等，2020）。在这些最新试验中，TRANSCEND 试验中 59%（159/269）的患者及 JULIET 试验中 92% 的患者接受了研究者判断的 BT。接受 BT 的患者常伴随更高侵袭性疾病特征，其基线状态多存在以下风险因素：淋巴细胞清除化疗前血清 LDH 水平升高、肿瘤最大径乘积总和增加、全身代谢肿瘤体积（total metabolic tumor volume，TMTV）增大及 C 反应蛋白基线水平升高，这些因素与细胞因子释放综合征和神经毒性事件发生率增加相关。真实世界研究表明，接受 Axi-cel 或 Tisa-cel 治疗的患者中高达 87% 需要 BT（Nastoupil 等，2020；Vercellino 等，2020）。但多数患者在接受 BT 后，CAR-T 输注时的肿瘤负荷并

未显著降低（Locke 等，2019）。

二、哪种桥接治疗

白细胞单采术至 CAR-T 细胞输注的间隔时间在欧美地区存在差异。在法国，这一时间大约为 50 天。桥接期间的中位治疗周期数为 2 个周期（范围为 1～4，四分位数间距为 1～2）。桥接治疗涵盖不同强度的免疫化疗或传统化疗方案，具体分为高强度 BT、低剂量 BT 及无化疗方案。由于淋巴瘤进展，31% 的患者接受了多于 1 种桥接治疗。不同的 BT 选项见表 22-1。

选择桥接治疗将基于以下因素。

1. 肿瘤质量和生长动力学的评估，包括 LDH 水平、SPD 及 TMTV。

2. 疾病的生物学特性，包括细胞来源。

3. 既往治疗史与耐药特征，包括前期治疗线数、原发 / 继发耐药性或治疗敏感性。

4. 患者基础状态，包括合并症及体能储备。

表 22-1　可能的桥接治疗方案

无治疗：无症状且不具有临床意义的肿瘤肿块或进展性病灶

低强度治疗：低肿瘤负担（针对非标签药物使用，请检查当地要求）

- 利妥昔单抗 – 地塞米松
- 维布妥昔单抗
- 来那度胺
- 放疗
- 单药化疗，如依托泊苷、吉西他滨、匹杉琼

高强度治疗：高侵袭性疾病

- 异环磷酰胺 –VP16 与或不与利妥昔单抗联合
- ICE 方案（异环磷酰胺 – 卡铂 – 依托泊苷）联合或不联合维布妥昔单抗 / 利妥昔单抗
- GEMOX 方案（吉西他滨 – 奥沙利铂）联合或不联合利妥昔单抗
- 泊洛妥珠单抗 – 苯达莫司汀 – 利妥昔单抗

非常高强度治疗：迅速进展的疾病

- 高剂量美法仑与自体干细胞支持
- 强化分割剂量环磷酰胺联合方案，如 hyper CVAD

三、桥接治疗及后续 CAR-T 细胞治疗的应答率

各项临床试验数据显示，所有亚组（包括接受 BT 的患者）均观察到客观缓解（Locke 等，2019），并且 BT 组患者亦显示出持久缓解（Locke 等，2019）。然而，在实际应用中，高强度 BT 与早期复发相关（Vercellino 等，2020），该现象与患者入组时更高的肿瘤负荷及更快速的症状性进展相关。同样，Nastoupil 团队表明，在接受 Axi-cel 输注的患者中，BT 虽与总生存期无显著关联，但可能对无进展生存期产生负面影响，特别是在接受系统性 BT 的患者中。值得注意的是，尽管基线特征相似，接受放疗桥接患者的 PFS 显著优于系统性治疗桥接组（Nastoupil 等，2020）。

关键点

决定是否使用 BT 及选择哪种 BT 时需要考虑以下因素。

- 评估淋巴瘤的生长动力学，基于单采时的肿瘤负荷评估，优先采用以下指标：18F-FDG PET 扫描测量 TMTV，或 CT 扫描评估肿瘤的体积（>7.5cm）或广泛性病变（Ann Arbor Ⅲ或Ⅳ），以及 LDH 水平升高至正常上限以上（upper normal value，UNV）。
- 整合肿瘤的生物学特征，根据分子特征选择靶向治疗，如使用单克隆抗体（抗 -CD30、抗 -CD20）、BTK 抑制药或来那度胺。
- 密切监测患者，对于非全程管控的患者，与转诊中心保持密切合作和多次联系（每周至少 1 次）是必需的。
- 所有治疗方案均可根据肿瘤的生长动力学和生物学特征、患者的个体特征和以往治疗情况来制订，核心目标是维持疾病控制至 CAR-T 细胞回输。

参考文献

［1］ Abramson JS, Palomba LM, Gordon LI, et al. Lisocabtagene maraleucel for patients with relapsed or refractory large B-cell lymphomas (TRANSCEND NHL 001): a multicentre seamless design study. Lancet. 2020;396(10254):839-52.

［2］ Locke F, Ghobadi A, Jacobson C, et al. Long-term safety and activity of axicabtagene ciloleucel in refractory large B-cell lymphoma (ZUMA-1): a single-arm, multicentre, phase 1-2 trial. Lancet Oncol. 2019;20(1):31-42.

[3] Nastoupil LJ, Jain MD, Feng L, et al. Standard-of-care axicabtagene ciloleucel for relapsed or refractory large B-cell lymphoma: results from the US Lymphoma CAR-T Consortium. J Clin Oncol. 2020;38(27):3119-28.

[4] Neelapu S, Locke F, Bartlett N, et al. Axicabtagene ciloleucel CAR-T cell therapy in refractory large B-cell lymphoma. N Engl J Med. 2017;377(26):2531-44.

[5] Schuster S, Bishop M, Tam C, et al. JULIET Investigators. Tisagenlecleucel in adult relapsed or refractory diffuse large B-cell lymphoma. N Engl J Med. 2019;380(1):45-56.

[6] Vercellino L, Di Blasi R, Kanoun S, et al. Predictive factors of early progression after CAR-T cell therapy in relapsed/refractory diffuse large B-cell lymphoma. Blood Adv. 2020;4(22):5607-15.

第 23 章　桥接化疗：滤泡性淋巴瘤、套细胞淋巴瘤和慢性淋巴细胞白血病

Bridging Chemotherapy: Follicular Lymphoma, Mantle Cell Lymphoma, and CLL

胡永仙　**译**　　梅　恒　**审**

Lisocabtagene maraleucel 是唯一被特别批准用于治疗 3B 级滤泡性淋巴瘤的产品，尤其是在治疗侵袭性淋巴瘤中。至今，阿基仑赛注射液是首个也是唯一批准用于惰性非霍奇金淋巴瘤的 CAR-T 细胞产品。

ZUMA-5 是一项针对惰性 NHL（包括 FL 和边缘区淋巴瘤）患者的Ⅱ期研究，这些患者接受了二线或多线的系统性治疗，并且既往接受过烷化剂和抗 CD20 治疗（Jacobson 等，2021）。在 104 名可评估疗效的患者中，总缓解率为 92%，完全缓解率为 76%。在 84 名 FL 患者中，ORR 为 95%（CR 80%），在 20 名 MZL 患者中，ORR 为 85%（CR 60%）。既往治疗间无显著差异，至今尚未公布根据桥接治疗进行的具体分析。在替沙来塞治 FL 的 ELARA 试验中，97 名患者接受了治疗（中位随访时间为 10.6 个月）（Schuster 等，2021）。患者的中位既往治疗次数为 4 次（范围为 2～13 次）；78% 的患者对最后一次治疗耐药（76% 对任何≥2 种既往治疗方案耐药），60% 的患者在初次接受含抗 CD20 的治疗后 2 年内疾病进展。CR 率为 66%，ORR 为 86%，包括桥接治疗的主要亚组之间结果相当。

然而，需要注意的是，惰性 NHL 是一种慢性疾病，可能在长期缓解后复发。尽管 ZUMA-5 试验报道的 12 个月的持续 CR 率和无进展生存期令人鼓舞，但仍需要更长的随访时间来识别哪些患者从系列治疗中受益最大。

在接受 KTE-X19 CAR-T 细胞治疗的复发 / 难治性套细胞淋巴瘤患者中（Wang 等，2020），共有 25 名患者（占总队列的 37%）接受了桥接治疗，包

括使用依鲁替尼（14 名患者）、阿卡替尼（5 名患者）、地塞米松（12 名患者）或甲泼尼龙（2 名患者）。大多数患者在桥接治疗前后都进行过评估，结果显示接受桥接治疗后中位肿瘤负荷有所增加。无论是否接受桥接治疗，反应率相似，但在未接受桥接治疗的患者中，持续反应率似乎更高（67% vs. 38%）。

关于慢性淋巴细胞白血病，针对 Liso-cel 的 TRANSCEND CLL 004 研究纳入了具有标准或高风险特征的患者，分别接受了三线或两线及以上治疗（Siddiqi 等，2021），包括 BTK 抑制药。共有 17 名患者（74%）在 Liso-cel 制备期间接受了桥接治疗，反应率一致，其中 82% 和 45% 的患者分别达到了总体反应和完全反应。治疗组之间的安全性和有效性相似。另一项小型研究甚至建议同时使用依布替尼与 CD19 CAR-T 细胞治疗（Gauthier 等，2020），但总样本量有限，并且相关研究仍在进行中。

关键点

- 目前关于桥接疗法在滤泡性淋巴瘤和惰性淋巴瘤中的作用，证据有限。
- 系统治疗在所有淋巴瘤类型中疗效不佳，但原因不明。
- 应尽可能避免使用苯达莫司汀。
- 桥接疗法前后肿瘤体积与 CAR-T 细胞疗法后总体反应之间的关系在套细胞淋巴瘤中仍不清楚。
- 在治疗慢性淋巴细胞白血病中，使用 BTK 抑制药的桥接疗法似乎是可行的。

参考文献

[1] Gauthier J, Hirayama AV, Purushe J, et al. Feasibility and efficacy of CD19-targeted CAR-T cells with concurrent ibrutinib for CLL after ibrutinib failure. Blood. 2020;135:1650-60.

[2] Jacobson CA, Chavez JC, Sehgal AR, et al. Outcomes in ZUMA-5 with axicabtagene ciloleucel in patients with relapsed/refractory indolent non-Hodgkin lymphoma who had the high-risk feature of early progression after first chemoimmunotherapy. Abstract #S213. Presented at the EHA2021 Virtual Congress 2021 Jun 9.

[3] Schuster SJ, Dickinson MJ, Dreyling MH, et al. Efficacy and safety of tisagenlecleucel (Tisa-cel) in adult patients (Pts) with relapsed/refractory follicular lymphoma (r/r FL): primary analysis of the phase 2 Elara trial. J Clin Oncol. 2021;39:7508.

[4] Siddiqi T, Soumerai JD, Dorritie KA, et al. Phase 1 TRANSCEND CLL 004 study of lisocabtagene maraleucel in patients with relapsed/refractory CLL or SLL. Blood. 2021.

[5] Wang M, Munoz J, Goy A, et al. KTE-X19 CAR-T cell therapy in relapsed or refractory mantle-cell lymphoma. N Engl J Med. 2020;382:1331-42.

第 24 章　桥接化疗：多发性骨髓瘤

Bridging Chemotherapy: Multiple Myeloma

唐晓文　马云菊　陈　娟　**译**　　曹　江　**审**

一、是否所有多发性骨髓瘤患者均应接受桥接治疗

在 KarMMa Ⅱ 期研究中，88% 的患者接受了桥接治疗，但仅有 5% 的患者对其产生反应（Munshi 等，2021）。在 CARTITUDE-1 试验中，75% 的患者接受了桥接治疗，34% 的患者在 Ciltacel 输注前观察到肿瘤负荷有所减轻，但是没有患者在桥接治疗期间达到完全缓解或更好的反应（Madduri 等，2019）。目前，几乎所有患者都被建议接受桥接治疗。然而，对于病情进展缓慢的患者，可能在白细胞分离术后不需要接受桥接治疗。这一策略会使他们在细胞制备期间面临病情快速进展的风险。未来，随着异体 CAR-T 细胞的发展，桥接治疗可能不再必要，这是因为从患者入组到 CAR-T 细胞输注的时间将大大缩短。

二、使用桥接治疗的时间框架

桥接治疗可以在白细胞分离术后立即开始。大多数临床试验不允许在淋巴细胞清除前 2 周内使用任何桥接治疗，以确保血液学恢复，并防止药物与 CAR-T 细胞之间的相互作用（Munshi 等，2021；Madduri 等，2019）。

三、治疗选择

多项临床试验仅允许使用患者先前接受过的药物。然而，如果患者对其先前的治疗产生耐药性，这一策略可能会限制桥接治疗的疗效。因此，桥接治疗通常根据患者的既往治疗方案、疾病特征及已有毒性进行个性化调整。所有治疗方案均可被纳入桥接治疗，包括蛋白酶体抑制药、免疫调节药物、抗

CD38 抗体、靶向治疗和传统化疗，但在针对 BCMA 的 CAR-T 细胞治疗中，应避免使用抗 BCMA 靶向疗法，以防抗原饱和。在传统化疗时，还需考虑长期骨髓抑制及感染风险。在桥接治疗期间，局部放疗已被采纳（Manjunath 等，2020）。

关键点

- 几乎所有患者都应接受桥接治疗，以防止在细胞制备期间病情快速进展。
- 除抗 BCMA 疗法外，所有治疗方法均可用于桥接治疗，针对 BCMA 靶向的 CAR-T 细胞治疗同样除外。

参考文献

[1] Madduri D, Usmani SZ, Jagannath S, et al. Results from CARTITUDE-1: a phase 1b/2 study of JNJ-4528, a CAR-T cell therapy directed against B-cell maturation antigen (BCMA), in patients with relapsed and/or refractory multiple myeloma (R/R MM). Blood. 2019;134(Suppl 1):577.

[2] Manjunath SH, Cohen AD, Arscott WT, Maity A, Plastaras JP, Paydar I. Is Bridging Radiation (RT) Safe with B Cell Maturation Antigen-targeting Chimeric Antigenic Receptor T Cells (CART-BCMA) Therapy? ASTRO. 2020;1104.

[3] Munshi NC, Anderson LD Jr, Shah N, et al. Idecabtagene vicleucel in relapsed and refractory multiple myeloma. N Engl J Med. 2021;384(8):705-16.

第 25 章 淋巴清除性预处理方案

Lymphodepleting Conditioning Regimens

杨 婷 **译** 王 黎 **审**

淋巴清除性预处理方案对于 CAR-T 细胞治疗的成功至关重要。近年来，淋巴清除化疗对 CAR-T 细胞增殖和持久性的作用变得更加明确。表 25-1 中描述了建议的作用机制，包括对免疫细胞和细胞因子的影响，创造一个有利于 CAR-T 细胞发挥最佳功能的环境，并提高输注 CAR-T 细胞的扩增峰值（Neelapu，2019）。

表 25-1 预处理方案

预处理方案的效果	详细描述
淋巴清除	降低总的 NK、B 细胞和 T 细胞数量
减少抗 CAR-T 细胞的免疫反应	减少抗转基因的免疫反应
清除免疫抑制细胞	清除调节性 T 细胞（Treg）和髓源性抑制细胞（myeloid-derived suppressor cells，MDSC）
调节肿瘤抑制作用	降低 IDO 表达，增加共刺激分子的水平
消除稳态细胞因子库	增加 IL-2、IL-7、IL-15 和 MCP-1 的表达水平
增加 CAR-T 细胞的扩增、功能和持久性	获得更好且持久的肿瘤反应

Treg. 调节性 T 细胞；MDSC. 髓源性抑制细胞；IDO. 吲哚胺 -2,3- 双加氧酶；MCP-1. 单核细胞趋化蛋白 -1

改编自 Neelapu（2019）

将氟达拉滨（Fludarabine）与环磷酰胺（Cyclophosphamide）联合使用在提高 CAR-T 细胞治疗疗效方面非常重要，目前这是最常用的联合方案（Turtle

等，2016）。在应用的预处理方案中，氟达拉滨的剂量相对一致，通常为 25～30mg/m²，连续 3 天给药，而环磷酰胺的剂量和时间则有所不同。“高强度”环磷酰胺的预处理方案似乎更为优选（Hirayama 等，2019）。然而，即使是最优的淋巴清除方案，部分患者仍未能形成理想的细胞因子谱，这表明宿主对淋巴清除化疗的生物学反应也非常重要（Hirayama 等，2019）。大多数预处理方案可以在门诊进行。

在接受抗 CD30 CAR-T 细胞治疗的霍奇金淋巴瘤的患者中，曾使用苯达莫司汀作为预处理方案，但在该疾病中，加入氟达拉滨也已显示可增强抗肿瘤反应。目前，尚不清楚在实体肿瘤中是否需要更强的预处理方案。

预处理方案的时间通常安排在计划输注前的 1 周内，并且至少有 2 天的休息时间，以避免化疗对输注的细胞产生负面影响。如果在预处理方案开始后，患者无法接受 CAR-T 细胞治疗，大多数方案允许等待 2～4 周后再开始新的预处理方案。在其他方案中，如果绝对淋巴细胞计数每微升低于 200 个细胞，则不进行预处理。

预处理方案的负面影响包括全血细胞减少症和长期免疫抑制，进一步增加 CAR-T 细胞治疗后（病毒）感染的风险。此外，氟达拉滨可能引起发热、神经毒性，环磷酰胺可能导致出血性膀胱炎和心包炎，并且两种药物均可能增加继发恶性肿瘤的风险。

关键点

- 有效的淋巴清除方案可提高 CAR-T 细胞的增殖和持久性。
- 氟达拉滨似乎是必不可少的，通常与环磷酰胺联合使用。

参考文献

[1] Hirayama AV, Gauthier J, Hay KA, et al. The response to lymphodepletion impacts PFS in patients with aggressive non-Hodgkin lymphoma treated with CD19 CAR-T cells. Blood. 2019;133:1876-87.

[2] Neelapu SS. CAR-T efficacy: is conditioning the key? Blood. 2019;133:1799-800.

[3] Turtle CJ, Hanafi L-A, Berger C, et al. Immunotherapy of non-Hodgkin's lymphoma with a defined ratio of $CD8^+$ and $CD4^+$ CD19-specific chimeric antigen receptor-modified T cells. Sci Transl Med. 2016;8:1-12.

第 26 章　细胞因子释放综合征和噬血细胞性淋巴细胞增多综合征的管理

Management of Cytokine Release Syndrome (CRS) and HLH

曹　江　**译**　　唐晓文　**审**

一、细胞因子释放综合征

（一）定义与发生率

细胞因子释放综合征（cytokine release syndrome，CRS）是由免疫细胞在免疫反应中迅速释放细胞因子（从轻度到大量）所引起，特别是在免疫治疗后。CAR-T 细胞治疗后 CRS 的发生率和严重程度因不同产品而异（任何级别：37%～93%；3/4 级：1%～23%）（Neelapu 等，2017；Schuster 等，2019；Abramson 等，2020）。

（二）诊断

临床症状、实验室检查、鉴别诊断和预测因素

CRS 通常表现为发热，伴有其他全身症状，如不适、头痛、关节痛、食欲不振、寒战和疲劳等，可迅速进展为缺氧、呼吸急促、心动过速、低血压、心律失常，最终导致心肺功能障碍，甚至器官衰竭。

虽然 CRS 的诊断不能通过实验室检查确诊或排除，但实验室检查可用于监测器官功能障碍。CRS 的症状和实验室结果与感染极为相似，因此感染的排查和治疗是首要任务。其他相关的鉴别诊断包括肿瘤溶解综合征和潜在的恶性肿瘤的进展。

目前尚无法对个体患者的 CRS 进行准确预测。然而，一些因素，如高肿

瘤负荷和 CAR-T 细胞剂量，似乎与 CRS 的高风险相关。

（三）管理

接受 CAR-T 细胞治疗的患者应持续或定期监测心血管功能和体温。CRS 的首发症状通常是发热。轻度 CRS（1 级）可以保守治疗。所有更高级别的 CRS 都需要加强监测和干预。目前建议早期使用托珠单抗，在某些情况下也可使用类固醇（表 26–1）（Yakoub-Agha 等，2020）。

表 26–1　细胞因子释放综合征评分

项　目	1 级	2 级	3 级	4 级
发热	发热≥38℃（无法归因于其他原因）。对于接受退热或抗细胞因子治疗（如托珠单抗或类固醇）的 CRS 患者，发热不再用于评估后续 CRS 的严重性。在这种情况下，CRS 的评分基于低血压和（或）缺氧			
低血压	无	不需要升压药物	需要血管加压药治疗，可伴或不伴血管加压素	需要多种血管升压药物（不包括血管加压素）
缺氧	无	需要低流量氧气（氧流量≤6L/min）	需要高流量氧气（氧流量＞6L/min）	需要正压支持（如 CPAP、BiPAP、插管和机械通气）

改编自 Yakoub-Agha et al.2020

监测：对于 1 级 CRS 的患者，可以在普通病房或中级护理病房进行监测。从 2 级开始，应考虑将患者送入重症监护病房（图 26–1）。

支持性治疗包括补液和退热。使用升压药物自动标志着 CRS 为更高等级。

（四）抗细胞因子治疗

托珠单抗已获得欧洲药品管理局和美国食品药品管理局（Food and Drug Administration，FDA）批准用于治疗 CRS。预防性、提前或风险适应性使用托珠单抗可能在不削弱抗肿瘤疗效的情况下，降低重度 CRS 的风险（Locke 等，2017；Caimi 等，2020；Gardner 等，2019；Kadauke 等，2021）。目前仍然缺乏关于使用西妥昔单抗和阿那白滞素的临床试验数据。

（五）类固醇

与最初的临床研究相反，短期使用类固醇似乎并不会对 CAR-T 细胞的扩

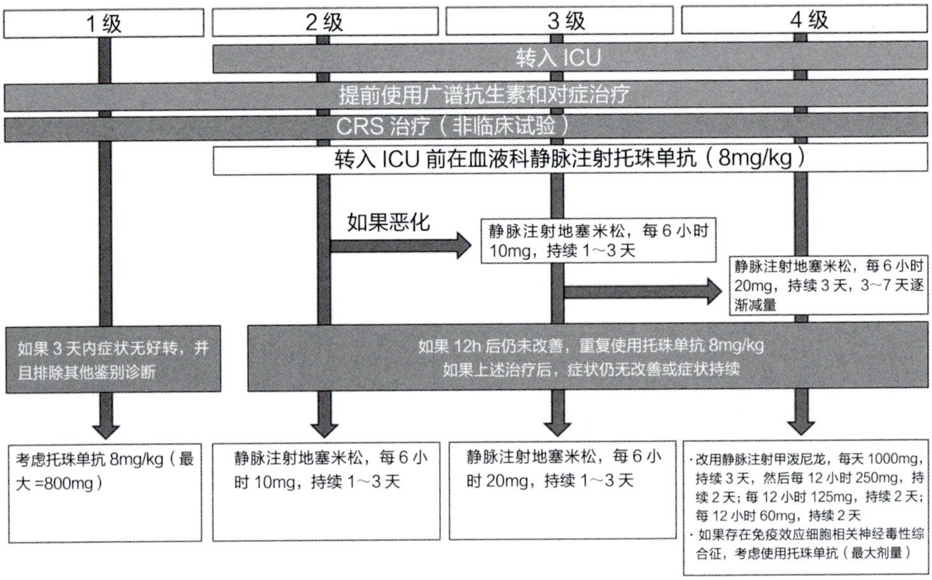

▲ 图 26–1 **CRS 的管理，根据 EBMT 建议进行修改**

增、生存或临床结局产生不利影响。

（六）抗生素

由于 CRS 无法与感染明确区分，大多数中心在中性粒细胞减少伴发热的情况下都会使用抗生素治疗。然而，在治疗的前几周应限制使用生长因子，尤其是应避免使用粒巨噬细胞集落刺激因子。

二、sHLH/MAS

继发性噬血细胞性淋巴组织细胞增多症（secondary hemophagocytic lymphohistiocytosis，sHLH）是一种危及生命的炎症综合征，发生于异基因造血干细胞移植、血液恶性肿瘤、感染、风湿性或自身免疫性疾病的背景下，其特点是巨噬细胞和淋巴细胞过度激活、噬血现象和多器官损伤（Carter 等，2019；Neelapu 等，2018；Sandler 等，2020）。建议的诊断标准总结于表 26–2 中。sHLH 的管理通常遵循与重度 CRS 管理类似的原则。对于难治性患者，治疗可以遵循 Mehta 等（2020）提出的管理框架，其中阿那白滞素（Anakinra）起着关键作用。

表 26-2　HLA 诊断标准

CAR-T 细胞介导的 sHLA/MAS 的诊断标准（Neelapu 等，2018）	成人 HScore（Fardet 等，2014） 该评分用于预测 HLH 的发生概率；得分＞169 时，对 HLH 的灵敏度为 93%，特异度为 86%	
临　床	**临　床**	
3 级或以上肺水肿*	发热	＜38.4℃（0 分）；38.4～39.4℃（33 分）；＞39.4℃（49 分）
	肝、脾大	无（0 分）；肝大或脾大（23 分）；肝脾同时肿大（38 分）
	免疫抑制	否（0 分）；是（18 分）
实验室	**实验室**	
在 CRS 期间，铁蛋白峰值 10 000ng/ml 并伴随以下任意 2 项：	铁蛋白	＜2000ng/ml（0 分）；2000～6000ng/ml（35 分）；＞6000ng/ml（50 分）
3 级或以上血清胆红素、天冬氨酸氨基转移酶或丙氨酸氨基转移酶增加*	多系血细胞减少症	一系（0 分）；两系（24 分）；三系（34 分）
3 级或以上少尿或血清肌酐水平增加*	高甘油三酯血症	＜1.5mmol（0 分）；1.5～4mmol（44 分）；＞4mmol（64 分）
骨髓或组织中见到噬血细胞或者基于细胞形态学和（或）CD68 免疫组织化学评估	噬血现象	否（0 分）；是（35 分）
* 引自 Common Terminology Criteria for Adverse Events（CTCAE）Version 4.0	肝功能	天冬氨酸氨基转移酶＜30U/L（0 分）；＞30U/L（19 分）
改编自 Neelapu et al.2018	低纤维蛋白原血症	≥2.5g/L（0 分）；＜2.5g/L（30 分）

关键点

- CRS 是常见的并发症。通过积极的治疗，严重的 CRS 较为罕见。
- sHLH/MAS 是一种罕见但严重的并发症，需及时识别和干预。

参考文献

[1] Abramson JS, Palomba ML, Gordon LI, et al. Lisocabtagene maraleucel for patients with relapsed or refractory large B-cell lymphomas (TRANSCEND NHL 001): a multicentre seamless design study. Lancet. 2020;396(10254):839-52.

[2] Caimi PF, Sharma A, Rojas P, et al. CAR-T therapy for lymphoma with prophylactic tocilizumab:decreased rates of severe cytokine release syndrome without excessive neurologic toxicity. Blood. 2020;136:30-1. https://ash.confex.com/ash/2020/webprogram/Paper143114.html.

[3] Carter SJ, Tattersall RS, Ramanan AV. Macrophage activation syndrome in adults: recent advances in pathophysiology, diagnosis and treatment. Rheumatology (Oxford). 2019;58(1):5-17.

[4] Gardner RA, Ceppi F, Rivers J, et al. Preemptive mitigation of CD19 CAR-T cell cytokine release syndrome without attenuation of antileukemic efficacy. Blood. 2019;134(24):2149-58.

[5] Kadauke S, Myers RM, Li Y, et al. Risk-adapted preemptive tocilizumab to prevent severe cytokine release syndrome after CTL019 for pediatric B-cell acute lymphoblastic leukemia: a prospective clinical trial. J Clin Oncol. 2021;39(8):920-30.

[6] Locke FL, Neelapu SS, Bartlett NL, et al. Preliminary results of prophylactic Tocilizumab after axicabtagene ciloleucel (axi-cel; KTE-C19) treatment for patients with refractory, aggressive non-Hodgkin lymphoma (NHL). Blood. 2017;130(Supplement 1):1547.

[7] Mehta P, Cron RQ, Hartwell J, Manson JJ, Tattersall RS. Silencing the cytokine storm: the use of intravenous anakinra in haemophagocytic lymphohistiocytosis or macrophage activation syndrome. Lancet Rheumatol. 2020;2(6):e358-67.

[8] Neelapu SS, Locke FL, Bartlett NL, et al. Axicabtagene Ciloleucel CAR-T cell therapy in refractory large B-cell lymphoma. N Engl J Med. 2017;377(26):2531-44.

[9] Neelapu SS, Tummala S, Kebriaei P, et al. Chimeric antigen receptor T-cell therapy - assessment and management of toxicities. Nat Rev Clin Oncol. 2018;15(1):47-62.

[10] Sandler RD, Carter S, Kaur H, Francis S, Tattersall RS, Snowden JA. Haemophagocytic lymphohistiocytosis (HLH) following allogeneic haematopoietic stem cell transplantation (HSCT)-time to reappraise with modern diagnostic and treatment strategies? Bone Marrow Transplant. 2020;55(2):307-16.

[11] Schuster SJ, Bishop MR, Tam CS, et al. Tisagenlecleucel in adult relapsed or refractory diffuse large B-cell lymphoma. N Engl J Med. 2019;380(1):45-56.

[12] Yakoub-Agha I, Chabannon C, Bader P, et al. Management of adults and children undergoing chimeric antigen receptor T-cell therapy: best practice recommendations of the European Society for Blood and Marrow Transplantation (EBMT) and the joint accreditation committee of ISCT and EBMT (JACIE). Haematologica. 2020;105(2):297-316.

第 27 章　免疫效应细胞相关神经毒性综合征的管理

Management of Immune Effector Cell-Associated Neurotoxicity Syndrome (ICANS)

李　萍　**译**　　梅　恒　**审**

免疫效应细胞相关神经毒性综合征是与 CAR-T 细胞治疗相关的常见且具有挑战性的不良反应，发生率为 20%～60%，其中 12%～30% 的患者出现严重症状（≥3 级）。其机制尚未完全明确，但有证据表明该综合征与由巨噬细胞和单核细胞分泌的炎性细胞因子有关，导致血管通透性增加、内皮激活，最终导致血脑屏障破坏。而 ICANS 并非由 CAR-T 细胞本身直接介导。

ICANS 的风险因素包括疾病高负荷、年龄较大及特定的 CAR-T 产品。ICANS 的平均发生时间通常在 CAR-T 细胞输注后 5 天左右，有时与细胞因子释放综合征同时或之后发生。然而，也有约 10% 的患者在 CAR-T 细胞输注后超过 3 周才出现 ICANS。

ICANS 的症状多变，起初可能表现为轻微的震颤和意识不清，随后进展为躁乱、癫痫发作和脑水肿。ICANS 的一个突出的早期特征是言语迟缓和书写退化，最终可能发展为不能接受并表达的失语症，此时患者虽然清醒但无法言语。ICANS 的最严重后果包括癫痫持续状态、致命性脑水肿和偶发性颅内出血。

ICANS 的诊断主要依赖临床评估，脑 MRI 和脑脊液（cerebrospinal fluid，CSF）检查用处不大，但可用于排除其他诊断（如中枢神经系统感染）。脑电图（electroencephalogram，EEG）的记录可以是正常的，但也可能显示出不同的异常模式，如非惊厥性癫痫持续状态。

大多数 ICANS 病例可通过支持治疗和早期使用皮质类固醇自行缓解。所有患者进行应每天 2 次主动监测 ICANS，可以使用 10 分制的免疫效应细胞脑病（immune effector cell-associated encephalopathy，ICE）评分（表 27–1）来评估认知的细微变化，评分包括定向力、注意力、书写和语言能力。该评分与癫痫活动、意识水平变化、运动表现和颅内压 / 脑水肿情况等神经功能总体评估相结合，以确定 ICANS 的分级。ICE 评分越高，ICANS 分级也越低。任何 ICE 评分低于 2 或伴有癫痫发作的患者均被归为严重（3 级或 4 级），应转入重症监护室。ICANS 3 级及以上的高风险因素包括疾病高负荷、低血小板计数及早期严重 CRS 的发生。

ICANS 的管理基于评分严重程度和是否并发 CRS 进行确定。1 级 ICANS 的管理主要为支持性治疗，2 级及以上 ICANS 则建议使用地塞米松快速递减治疗。糖皮质激素的建议剂量为 2～3 级 ICANS 时每 6 小时静脉注射 10～20mg 地塞米松，4 级时每天静脉注射 1g 甲泼尼龙至少 3 天直至症状出现好转。癫痫发作时可使用左乙拉西坦治疗，癫痫持续状态则使用苯二氮䓬类药物。但一般不建议预防性使用抗癫痫药物。

其他 ICANS 的实验性管理方法针对 CAR 本身的效力控制，设计了带有“自杀开关”或“可调控 CAR”的构造，旨在出现严重毒性事件时关闭或削弱 CAR。在严重且治疗无效的病例中，可使用阿那白滞素（IL-1 受体拮抗药）或化疗来杀死 CAR-T 细胞。然而，大多数病例可自行缓解，并且不会导致持久的神经认知损伤（表 27–2 和表 27–3）。

表 27–1 免疫效应细胞脑病评分

项 目	标 准	评 分
定向力	正确识别年份、月份、城市、医院	4 分
命名	能够正确命名 3 个物体（如时钟、笔、按钮）	3 分
执行指令	能够遵循简单指令，如“给我看 2 根手指”或“闭上眼睛，伸出舌头”	1 分
书写	能够书写一个标准句子（例如，“我喜欢秃鹰”）	1 分
注意力	能够从 100 开始按 10 倒数（100，90，80……）	1 分

表 27-2 美国移植与细胞治疗学会成人 ICANS 分级共识

总体 ICANS 分级

- 1 级
- 2 级
- 3 级
- 4 级

ICE 评分[a]

- 7～9 分
- 3～6 分
- 0～2 分
- 0 分（患者无法被唤醒，并且无法进行 ICE 评估）

意识水平下降[b]

- 自发醒来
- 通过声音唤醒
- 只能通过触觉刺激唤醒
- 无法唤醒，或需要强烈或重复的触觉刺激才能唤醒，昏迷或意识模糊

癫痫发作

- 无
- 无
- 临床癫痫发作（局部或全身性），可迅速缓解，或 EEG 显示的非惊厥性癫痫发作，通过干预可缓解
- 危及生命的长时间癫痫发作（＞5min）或反复发生的临床或电生理癫痫发作，并且在两次发作之间无法恢复到基线状态

运动表现[c]

- 无
- 无
- 无
- 深部局灶性运动无力，如偏瘫或轻偏瘫

颅内压升高 / 脑水肿

- 无
- 无
- 神经影像学显示的局灶 / 局部水肿[d]
- 神经影像学显示的弥漫性脑水肿；去大脑强直或去皮质强直；第Ⅵ对脑神经麻痹；视盘水肿或库欣综合征

（续表）

ICANS 评分
ICANS 评分根据最严重的事件（ICE 评分、意识水平、癫痫发作、运动表现、颅内压升高 / 脑水肿）确定。例如，ICE 评分为 3 并伴有全身性癫痫发作的患者被归类为 3 级 ICANS

a. ICE 评分为 0 的患者如果清醒并伴有全面失语症，可能会被归类为 3 级 ICANS。如果患者无法被唤醒，则归类 ICANS 4 级

b. 意识水平下降是指无其他原因造成（如未使用镇静药物）

c. 免疫效应细胞治疗相关的震颤和肌阵挛可根据 CTCAE v5.0 分级，但不会影响 ICANS 分级

d. 伴或不伴有水肿的颅内出血不被认为是神经毒性表现，不包括在 ICANS 评分内，可根据 CTCAE v5.0 分级

表 27-3　免疫效应细胞相关神经毒性综合征管理方法

ICANS 分级	管　理
1 级	• 建议使用左乙拉西坦（750mg，每天 2 次）预防癫痫，避免使用会导致中枢神经系统抑制的药物 • 请神经科医师会诊 • 支持性护理 • 进行眼底检查以评估是否有视盘水肿 • 进行脑部 MRI 增强扫描（如果无法进行脑部 MRI，则考虑头颅 CT） • 考虑进行诊断性腰椎穿刺并测压，同时送检样本进行培养和灵敏度检测及细胞学、生化和病毒学检测 • 如果患者有局灶性周围神经缺损，可考虑脊柱 MRI 检查 • 考虑进行脑电图检查 • 如果伴有 CRS，可以考虑使用托珠单抗 8mg/kg • 每天 2 次进行 ICE 评分和 ICANS 评分评估神经认知功能
2 级	• 按照 1 级 ICANS 的标准进行检查和支持性护理 • 考虑使用大剂量地塞米松并快速减量治疗 • 考虑将患者转入重症监护病房（ICU）
3 级	• 按照 1 级 ICANS 的标准进行检查和支持性护理 • 给予地塞米松 10～20mg，每 6 小时静脉注射，或给予等效剂量的甲泼尼龙，直至症状改善至 1 级，然后逐步减量 • 如有癫痫发作，使用劳拉西泮 0.5mg 静脉注射或其他苯二氮䓬类药物，随后根据情况给予左乙拉西坦或其他抗癫痫药物

（续表）

ICANS 分级	管　理
	• 如果眼底镜检查显示 1 期或 2 期视盘水肿，并且脑脊液压力>20mmHg，应立即请神经科医师会诊 • 如果患者 ICANS 持续≥3 级，考虑每 2～3 天重复一次神经影像学检查（CT 或 MRI）
4 级	• 按照 1 级 ICANS 的标准进行检查和支持性护理 • 将患者转入 ICU；考虑进行机械通气 • 按 3 级标准进行癫痫管理 • 对于癫痫持续状态，立即请神经科医师会诊 • 给予甲泼尼龙 1000mg/d，持续 3 天，然后逐步减量。减量方案为：250mg/12h，持续 2 天；然后 125mg/12h，持续 2 天；然后 60mg/12h，持续 2 天 • 对于颅内压升高的管理，考虑使用乙酰唑胺 1000mg 静脉注射，随后每 12 小时给予 250～1000mg 静脉注射；抬高床头；过度通气；使用甘露醇进行降压

关键点

- ICANS 是 CAR-T 细胞治疗常见且常可逆的毒性反应，通常在输注后 1 周内发生，一般伴随在细胞因子释放综合征之后。
- ICANS 是一种临床诊断，常见的早期症状包括语言障碍、思维混乱和精细运动技能受损。除非是为了排他诊断（如中枢神经系统感染），检查通常无助于诊断。
- 严重的 ICANS 包括癫痫发作、昏迷和脑水肿，需在重症监护病房进行护理。
- ICANS 的管理主要为支持性治疗，具体治疗取决于其严重程度。皮质醇激素是除 1 级 ICANS 以上的主要治疗手段，应使用大剂量同时快速减量疗法。
- 其预后良好，大多数患者能够完全恢复，无任何长期后遗症。

拓展阅读

[1] Neill L, Rees J, Roddie C. Neurotoxicity - CAR-T cell therapy: what the neurologist needs to know. Pract Neurol. 2020;20:287-95. https://doi.org/10.1136/practneurol-2020-002550.

[2] Rubin DB, Danish HH, Ali AB, et al. Neurological toxicities associated with chimeric antigen receptor T-cell therapy. Brain. 2019;142:1334-48. https://doi.org/10.1093/brain/awz053.

[3] Tallantyre EC, Evans NA, Parry-Jones J, et al. Neurological updates: neurological complications of CAR-T therapy. J Neurol. 2021;268:1544-54. https://doi.org/10.1007/s00415-020-10237-3.

第28章　低丙种球蛋白血症与B细胞发育不全的管理

Management of Hypogammaglobulinaemia and B-Cell Aplasia

李　萍　**译**　　赵翔宇　**审**

靶向B细胞系表面抗原（如CD19或CD22）的CAR-T细胞疗法的开发和批准使用（Maude等，2018），标志着肿瘤免疫治疗的一个重要里程碑。然而，这种治疗会引起恶性和正常B细胞的耗竭，甚至诱发低丙种球蛋白血症。这种靶向但非肿瘤的毒性反应会导致感染风险的增加。因此，对接受CAR-T细胞治疗的患者进行长期的随访评估是非常必要的。在治疗回家后，当地治疗中心和转诊中心之间应协调管理这些患者的靶向但非肿瘤的毒性反应。该毒性反应管理的目标包括以下内容。

- 急性和慢性感染的预防。
- 感染治疗。
- 预防由隐匿性和（或）慢性感染（如支气管扩张症）引起的器官损伤。
- 提供尽可能高的生活质量。

B细胞发育不良的监测提供了治疗的两个重要方面。首先，B细胞发育不全是CAR-T细胞持续发挥功能的标志，其持续时间通常比CAR-T细胞本身的直接检测更长。监测B细胞发育不全可指导恶性疾病监测的间隔（如影像学，微小残留病评估），以及在CAR-T细胞治疗失败时进行后续的异基因造血干细胞移植（hematopoietic stem cell transplantation，HSCT）。因此，B细胞发育不全应与缓解状态和CAR-T细胞的持久性一同监测。其次，B细胞发育不全是指导减量或持续IgG替代疗法的有用指标。关于监测B细胞发育不全的建议证据水平是基于专家意见的，在不同的患者年龄组可能会有所不同。

由于抗 CD19 和抗 CD22 的 CAR-T 细胞攻击 B 细胞系前体细胞，所以 CAR-T 细胞治疗后的患者出现长期低丙种球蛋白血症或无丙种球蛋白血症很常见。在儿科中心，CAR-T 细胞治疗后进行免疫球蛋白替代疗法已经成为标准护理（Maude 等，2014）。然而，对于成人患者，关于 CAR-T 细胞治疗后伴有浆细胞缺乏和低丙种球蛋白血症时是否需要系统性补充 IgG，目前尚无共识。由于持续的 B 细胞发育不全与肺部感染，特别是由荚膜细菌引起的感染相关（Fishman 等，2019），所以对于所有低丙种球蛋白血症且伴有反复或慢性感染（尤其是肺炎）的患者，均应进行静脉免疫球蛋白（intravenous immunoglobulin，IVIG）替代治疗。接受异基因 HSCT 加 CAR-T 细胞治疗的患者，感染相关发病率的风险更高，因此可能需要加强（甚至终身）应用 IgG 替代方案。

IgG 替代疗法的持续时间可能是终身的，或至少持续到 B 细胞和浆细胞功能恢复。然而，关于接受 CAR-T 细胞治疗的患者中预防性应用 IgG 替代的疗效数据有限（Hill 等，2019），目前的专家建议（Mahadeo 等，2019；Yakoub-Agha 等，2020）主要是基于原发性免疫缺陷患者的研究数据（Perez 等，2017；Picard 等，2018）而来。Bruton 无丙种球蛋白血症患者的长期随访数据为密切监测免疫球蛋白水平及急性、慢性（特别是隐匿性）感染提供了依据，以防止器官损伤并维持长期生活质量。个体化方案的目标是保持成人患者血清免疫球蛋白水平高于 400μg/L，并根据年龄调整儿童水平的正常范围。IVIG 通常每 3～6 周给药一次，或每周皮下注射（SCIG）给药。IVIG 的起始剂量为 0.4g/kg，SCIG 的剂量为 0.1～0.15g/kg。剂量和间隔应根据感染情况和血清 IgG 水平进行调整。达到稳态后，血清 IgG 水平至少应每 3 个月监测一次。

我们需要进一步研究以确立 B 细胞发育不全和低丙种球蛋白血症管理的循证方法。预防性免疫球蛋白的使用及策略可能因患者情况和 CAR-T 细胞产品特性而异。

关键点

- 在接受靶向 CD19/CD22 的 CAR-T 细胞治疗后，需长期（可能终身）监测 B 细胞发育不全和 IgG 水平。
- 通过定期静脉或皮下免疫球蛋白替代，保持血清免疫球蛋白水平在生理范围内。
- 本文推荐的证据水平为专家意见。

参考文献

[1] Fishman JA, Hogan JI, Maus MV. Inflammatory and Infectious Syndromes Associated With Cancer Immunotherapies. Clin Infect Dis. 2019;69(6):909-20.

[2] Hill JA, Giralt S, Torgerson TR, Lazarus HM. CAR-T - and a side order of IgG, to go? - Immunoglobulin replacement in patients receiving CAR-T cell therapy. Blood Rev. 2019;38:100596. e-pub ahead of print 2019/08/17.

[3] Mahadeo KM, Khazal SJ, Abdel-Azim H, Fitzgerald JC, Taraseviciute A, Bollard CM, et al. Management guidelines for paediatric patients receiving chimeric antigen receptor T cell therapy. Nat Rev Clin Oncol. 2019;16(1):45-63. e-pub ahead of print 2018/08/08.

[4] Maude SL, Frey N, Shaw PA, Aplenc R, Barrett DM, Bunin NJ, et al. Chimeric antigen receptor T cells for sustained remissions in leukemia. N Engl J Med. 2014;371(16):1507-17. e-pub ahead of print 2014/10/16.

[5] Maude SL, Laetsch TW, Buechner J, Rives S, Boyer M, Bittencourt H, et al. Tisagenlecleucel in children and young adults with B-cell lymphoblastic leukemia. N Engl J Med. 2018;378(5):439-48.

[6] Perez EE, Orange JS, Bonilla F, Chinen J, Chinn IK, Dorsey M, et al. Update on the use of immunoglobulin in human disease: A review of evidence. J Allergy Clin Immunol. 2017;139(3S):S1-S46. e-pub ahead of print 2017/01/04.

[7] Picard C, Bobby Gaspar H, Al-Herz W, Bousfiha A, Casanova JL, Chatila T, et al. International Union of Immunological Societies: 2017 Primary immunodeficiency diseases committee report on inborn errors of immunity. J Clin Immunol. 2018;38(1):96-128. e-pub ahead of print 2017/12/12.

[8] Yakoub-Agha I, Chabannon C, Bader P, Basak GW, Bonig H, Ciceri F, et al. Management of adults and children undergoing chimeric antigen receptor T-cell therapy: best practice recommendations of the European Society for Blood and Marrow Transplantation (EBMT) and the Joint Accreditation Committee of ISCT and EBMT (JACIE). Haematologica. 2020;105(2):297-316. e-pub ahead of print 2019/11/23.

第 29 章　骨髓毒性（再生障碍）和感染并发症的管理

Management of Myelotoxicity (Aplasia) and Infectious Complications

贺鹏程　**译**　　周　辉　**审**

血液毒性是 CAR-T 细胞治疗后最常见的不良事件，根据真实世界数据，其 1 年累积发生率约为 58%（CTCAE 3 级或以上）（Wudhikarn 等，Blood Advances，2020）。这种毒性通常呈双相时间进程，并且往往持续较长时间（Fried 等，Bone Marrow Transplant，2019；Rejeski 等，Blood，2021a，2021b）（图 29-1）。在一项 Axi-Cel 治疗的患者研究中，只有 30% 的患者在 CAR-T 细胞治疗后 30 天中性粒细胞计数能超过 1×10^9/L，50% 的患者血小板计数能超过 50×10^9/L（Jain 等，Blood Advances，2020）。一项对治疗后持续完全缓解且未出现骨髓增生异常综合征（myelodysplastic syndrome，MDS）的患者的长期随访研究中，16% 的患者经历了持续且显著的血细胞减少，最长可持续至 CAR-T 细胞治疗后 22 个月（Cordeiro 等，Biol Blood Marrow Transplant，2020）。这些研究表明，血细胞减少可在淋巴细胞清除和急性细胞因子释放综合征缓解后长期存在。其风险因素包括严重的 CRS/ 免疫效应细胞相关神经毒性综合征、在淋巴细胞清除化疗前已存在血细胞减少症及既往接受过异基因造血干细胞移植（Jain 等，Blood Advances，2020；Fried 等，BMT，2019）。值得注意的是，血细胞减少使患者更易发生严重的感染并发症，而感染是非复发性死亡最常见的原因（Nastoupil 等，JCO，2020）。

使用生长因子治疗 CAR-T 后早期血细胞减少症仍存在争议。细胞因子谱和小鼠异种移植模型表明粒细胞 – 巨噬细胞集落刺激因子（granulocyte-

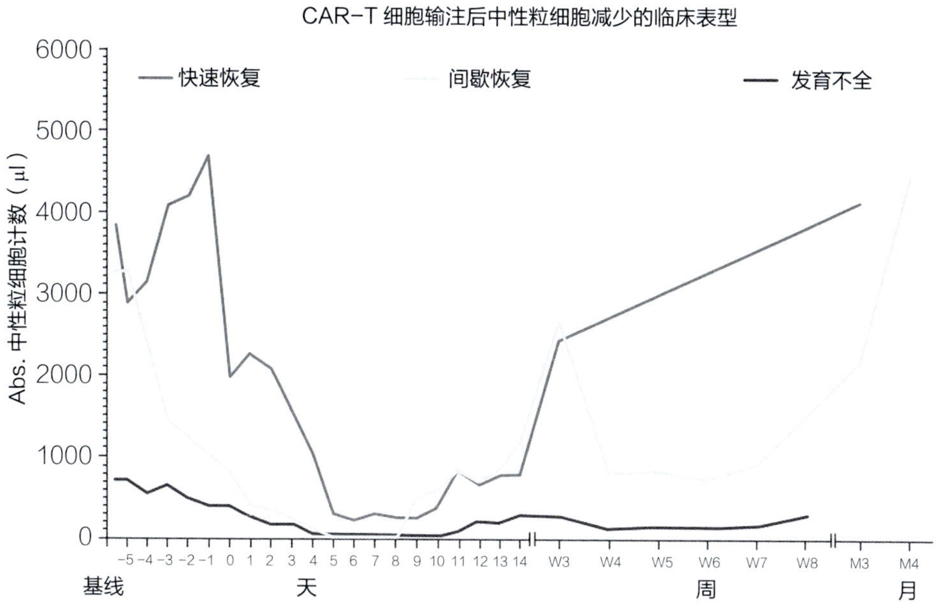

▲ 图 29-1　中性粒细胞减少的临床表型

（改编自 Rejeski et al.，Blood 2021a，b）

macrophage colony-stimulating factor，GM-CSF）与 CRS 和神经炎症的发病机制有关（Sterner 等，Blood，2019）。因此，目前的推荐意见不鼓励使用 GM-CSF，并建议仅在 CRS 和（或）ICANS 缓解后启动粒细胞集落刺激因子（granulocyte colony-stimulating factor，G-CSF）治疗（Yakoub-Agha 等，Haematologica，2020）。然而，Galli 等报道，在 CAR-T 输注后第 5 天，预防性使用 G-CSF 治疗 42 名在 CAR-T 细胞输注后出现 4 级中性粒细胞减少症的患者，结果显示没有增加 CRS 或 ICANS 的风险，也未对疾病结局产生负面影响（Galli 等，Bone Marrow Transplantation，2020）。因此，仍需要进一步研究来识别那些因长期中性粒细胞减少及感染风险增加而可能从早期使用 G-CSF 中获益的患者。而那些对 G-CSF 治疗无反应的长期血细胞减少的患者，还应筛查是否存在造血物质缺乏、病毒感染（如 CMV、EBV、HBV/HCV、B19 病毒）、合并使用了骨髓抑制药物（如复方磺胺甲噁唑）、继发性噬血细胞性淋巴组织细胞增生症及是否存在其他骨髓疾病等。若出现了对 G-CSF 治疗无反应的严重骨髓衰竭，则考虑在可能的情况下进行自体或异体造血干细胞移植的挽救治疗（Rejeski 等，BMC ID，2021a，2021b；Godel 等，Haemasphere，2021）。

其他治疗选择包括抗感染治疗（如地塞米松、抗 IL-6 疗法）和促血小板生成素受体激动药（如艾曲波帕）（图 29–2）。

感染是 CAR-T 细胞治疗的另一种重要并发症，通常是由长期的中性粒细胞减少、CD4 T 淋巴细胞减少或 B 细胞缺乏所引起（Hill 和 Seo 等，Blood，2020a，2020b）。其他与感染相关的风险因素包括高级别 CRS 及使用免疫抑制药（如类固醇、托珠单抗和阿那白滞素）。大多数感染发生在治疗后的 28 天内，以细菌感染最为常见，其次是病毒和真菌感染。晚期感染，尤其是呼吸道病毒感染，最长可在 CAR-T 细胞治疗后 90 天内发生（Cordeiro 等，BBMT，2020）。有报道指出，侵袭性真菌感染（包括酵母菌和霉菌）在 1%～15% 的 CAR-T 细胞治疗患者中出现。

推荐预防使用抗病毒、抗真菌和抗肺孢子虫（pneumocystis，PCP）治疗以减少 CAR-T 细胞治疗后感染的风险。然而，对于预防治疗的最佳药物选择和持续时间尚无共识。患者通常接受阿昔洛韦或伐昔洛韦以预防病毒感染、对酵母菌或霉菌有效的药物预防真菌感染，以及复方磺胺甲噁唑预防 PCP。输注前有中性粒细胞减少、6 个月内霉菌感染史、既往接受过异基因造血干细胞移植或基础疾病为急性白血病的患者，以及输注后发生 3 级及以上 CRS/ICANS 或长期使用类固醇或其他免疫抑制药的患者被视为"高风险"，应加入预防霉菌感染治疗。若无高风险因素，预防酵母菌感染可能已经足够，但建议对霉菌感染进行预防性监测（Garner 等，J Fungi，2021）。预防性抗真菌治疗通常持续到中性粒细胞计数恢复和停用免疫抑制药为止。PCP 预防通常持续 6 个月，或直到 CD4 T 细胞计数＞200/μl 为止。对于有持续重度低丙种球蛋白血症且有复发性感染史的患者，可考虑每月静脉注射免疫球蛋白。CAR-T 细胞治疗后疑似或确诊感染的治疗应遵循机构指南，通常与造血干细胞移植后感染的管理类似。靶向 CD19 或 BCMA 的 CAR-T 细胞治疗后接种疫苗的有效性尚不明确，但建议患者在 CAR-T 细胞治疗后 6 个月应考虑接种疫苗，并根据疫苗接种后的抗体滴度进行管理（Hill 等，Blood，2020a，2020b）。采取有效的策略预防和管理 CAR-T 细胞输注后的感染并发症，对提升这种前景广阔的疗法的效果至关重要。

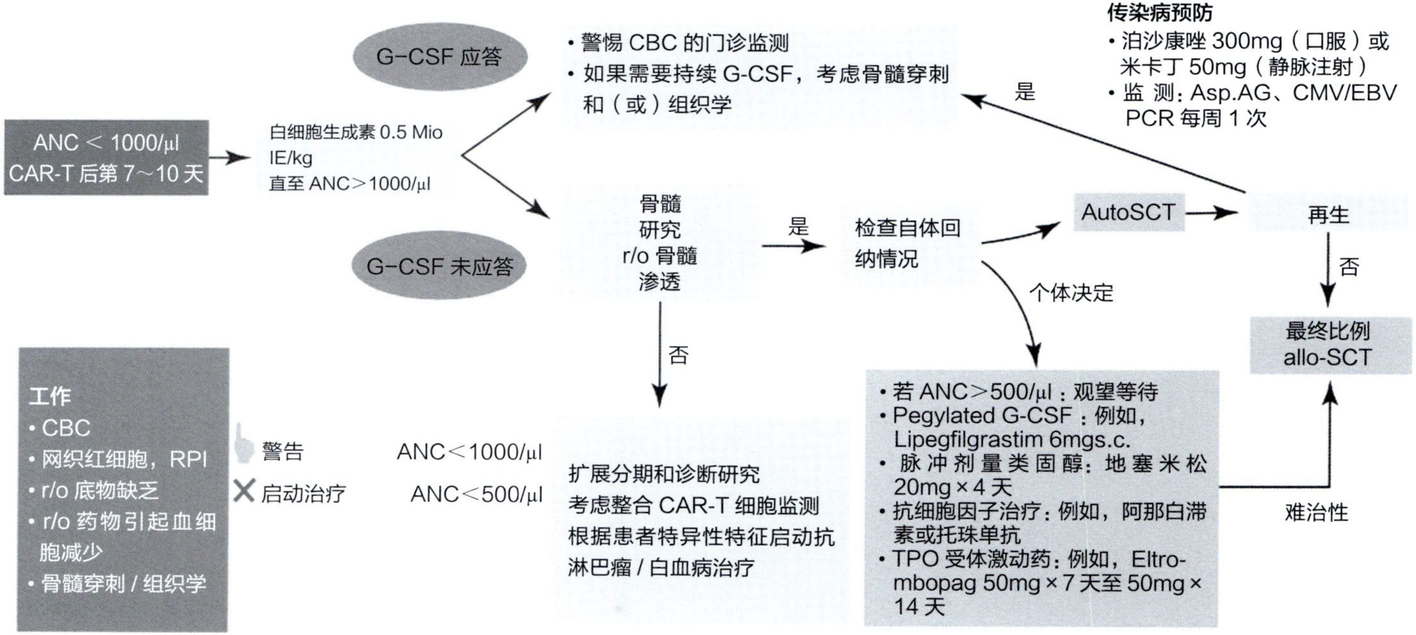

Rejeski et al，2021，Godel et al，2021
Hill and Seo et al，Blood Advances 2020

▲ 图 29-2　CD19 CAR-T 细胞相关骨髓毒性的治疗流程

关键点

- 血液毒性是 CD19 特异性 CAR-T 细胞治疗后最常见的不良事件，可能导致患者容易发生严重的感染并发症。
- 在中性粒细胞减少的患者中，从第 5 天开始预防性使用 G-CSF 不会增加严重 CRS/ICANS 的发生率，并且在维持 CAR-T 抗淋巴瘤活性方面是安全的（证据等级：Ⅲ -B）。
- CAR-T 细胞治疗后的免疫抑制是多因素导致的（如中性粒细胞减少、淋巴细胞减少、类固醇使用、B 细胞缺乏和低丙种球蛋白血症），感染显著增加了非复发性死亡率。
- 预防性抗感染治疗应根据患者的具体风险因素，遵循机构的指南。

参考文献

[1] Cordeiro A, et al. Late events after treatment with CD19-targeted chimeric antigen receptor modified T cells. Biol Blood Marrow Transplant. 2020;26(1):26-33.

[2] Fried S, et al. Early and late hematologic toxicity following CD19 CAR-T cells. Bone Marrow Transplant. 2019;54(10):1643-50.

[3] Galli E, Allain V, Blasi R, Bernad S, Vercellino L, Morin F, Moatti H, Caillat-Zucman S, Chevret S, Thieblemont C. G-CSF does not worsen toxicities and efficacy of CAR-T cells in refractory/relapsed B-cell lymphoma. Bone Marrow Transplant. 2020;55:2347-9.

[4] Goedel P, Sieg N, Heger JM, Kutsch N, Herling C, Bärmann B-N, Scheid C, Borchmann HU. Hematologic rescue of CAR-T cell mediated prolonged pancytopenia using autologous peripheral blood hematopoietic stem cells in a lymphoma patient. Hema. 2021;5(3):e545.

[5] Hill JA, Seo SK. How I prevent infections in patients receiving CD19-targeted chimeric antigen receptor T cells for B-cell malignancies. Blood. 2020b;136(8):925-35.

[6] Hill JH, Seo S. How I prevent infections in patients receiving CD19-targeted chimeric antigen receptor T cells for B-cell malignancies. Blood. 2020a;136(8):925-35.

[7] Jain T, et al. Hematopoietic recovery in patients receiving chimeric antigen receptor T-cell therapy for hematologic malignancies. Blood Adv. 2020;4(15):3776-87.

[8] Nastoupil LJ, Jain MD, Feng L, et al. Standard-of-care Axicabtagene Ciloleucel for relapsed or refractory large B-cell lymphoma: results from the US lymphoma CAR-T consortium. J Clin Oncol. 2020;38(27):3119-28.

[9] Rejeski, K et al, CAR-HEMATOTOX: A model for CAR-T cell related hematological toxicity in relapsed/

refractory large B-cell lymphoma. Blood 2021a Jun 24; online ahead of print.

[10] Rejeski K, Kunz WG, Rudelius M, Bücklein V, Blumenerg V, Schmidt C, Karschnia P, Schöberl F, Dimitriadis K, Von Baumgarten L, Stemmler J, Weigert O, Dreyling M, Von Bergwelt-Baildon M, Subklewe M. Severe Candida glabrata pancolitis and fatal Aspergillus fumigatus pulmonary infection in the setting of bone marrow aplasia after CD19-directed CAR-T cell therapy- a case report. BMC Infect Dis. 2021b;21(1):121.

[11] Sterner R, Sakemura R, Cox M, Yang N, Khadka R, Forsman C, Hansen M, Jin F, Ayssoufi K, Hefazi M, Schick K, Walters D, Chappell D, Ahmed O, Sahmoud t, Durrant C, Nevala W., Patnaik M, Pease L, Hedin K, Kay N, Johnson A, Kenderian S. CM-SF inhibition reduces CRS and neuroinflammation but enhances CAR-T cell function in xenografts. Blood. 2019;133(7):697-709.

[12] Will Garner W, Samanta P, Haidar G. Invasive fungal infections after anti-CD19 chimeric antigen receptor-modified T-cell therapy: state of the evidence and future directions. J Fungi. 2021;7:156.

[13] Wudhikarn K, et al. DLBCL patients treated with CD19 CAR-T cells experience a high burden of organ toxicities but low nonrelapse mortality. Blood Adv. 2020;4(13):3024-33.

[14] Yakoub-Agha I, Chabannon C, Bader P, Basak GW, Bonig H, Ciceri F, Corbacioglu S, Duarte RF, Einsele H, Hudecek M, Kersten MJ, Köhl U, Kuball J, Mielke S, Mohty M, Murray J, Nagler A, Robinson S, Saccardi R, Sanchez-Guijo F, Snowden JA, Srour M, Styczynski J, Urbano-Ispizua A, Hayden PJ, Kröger N. Management of adults and children undergoing chimeric antigen receptor T-cell therapy: best practice recommendations of the European Society for Blood and Marrow Transplantation (EBMT) and the joint accreditation committee of ISCT and EBMT (JACIE). Haematologica. 2020;105(2):297-316.

第 30 章　其他毒性的管理

Management of Other Toxicities

涂三芳　**译**　　都孟仪　**审**

继发性噬血细胞性淋巴组织细胞增多症（secondary hemophagocytic lymphohistiocytosis，sHLH）/ 巨噬细胞活化综合征（macrophage activation syndrome，MAS）是一种危及生命的高炎症综合征，可能发生于严重感染（如 COVID-19 感染）、恶性肿瘤或自身免疫性疾病患者中。它也是异基因造血干细胞移植罕见的并发症之一，与其潜在的其他高死亡率的并发症及其发病机制无关。近年来，CAR-T 细胞治疗后 sHLH/MAS 发生的报告逐渐增多，但其与细胞因子释放综合征的鉴别往往困难（Sandler 等，2020）。

HCT 后相关 sHLH/MAS 诊断需要结合对高炎症状态的临床症状和体征的观察，这些症状可能与 CRS 或感染性并发症重叠，因此需要进行仔细鉴别诊断。通常，这些症状包括发热、多系血细胞减少和多器官功能衰竭。对于没有明确感染原因的持续发热或感染治疗后的发热加重的患者，应筛查 sHLH/MAS（Karakike 和 Giamarellos-Bourboulis，2019）。血清铁蛋白是用来诊断 sHLH/MAS 和监测 sHLH/MAS 治疗反应的非常合适且易获取的生物标志物。

CAR-T 细胞治疗是血液和非血液恶性肿瘤的有效的、重要的治疗方法之一，治疗过程中通常伴随 CRS 反应，CRS 一种导致过度炎症反应的急性毒性反应。患者可能表现出不同严重程度的 CRS 反应，包括从轻微的全身症状到严重的系统性疾病和多器官功能障碍，在最严重的情况下，CRS 可能发展为爆发性 sHLH/MAS。Neelapu 等提出了 CAR-T 细胞治疗后 CRS 患者的 sHLH/MAS 诊断标准，包括血清铁蛋白峰值＞10 000μg/L，伴随以下任意一项：3 级以上的血清转氨酶或胆红素升高；3 级以上的少尿或血清肌酐升高；肺水肿超过 3 级或骨髓或器官中出现组织学证据的噬血现象（Neelapu 等，2018）（表 30–1 和表 30–2）。

表 30–1 已发布的用于支持 CAR-T 细胞治疗后 sHLH/MAS 的诊断标准

已发布的标准	标准组成部分	中 心
HLH-2004（用于 fHLH）	分子诊断符合 HLH 或满足以下 8 项中的 5 项：发热、脾大、双系或三系血细胞减少、高甘油三酯血症 ± 低纤维蛋白原血症、骨髓活检显示噬血现象、无恶性肿瘤诊断、NK 细胞活性低或无、血清铁蛋白升高、sIL-2r 升高	43%
H-score（用于所有 sHLH/MAS）	已知免疫抑制基础疾病，发热、脏器肿大、单系、双系或三系血细胞减少、铁蛋白、甘油三酯、纤维蛋白原、天冬氨酸氨基转移酶、骨髓活检显示噬血现象。总体评分预测符合 sHLH/MAS 诊断	16%
Takagi 等（用于 HSCT 后 sHLH/MAS）	需要满足 2 个主要标准或满足 1 个主要标准和所有 4 个次要标准。主要标准：①植入延迟，原发或继发植入失败；②噬血现象的组织学证据。次要标准：发热、肝大、脾大、铁蛋白升高、LDH 升高	10%
PRINTO（用于 sJIA 中的 sHLH/MAS）	铁蛋白＞684μg/L 并满足以下中的 2 项：血小板＜181×10^9，AST＞48U/L，甘油三酯＞256mg/dl，纤维蛋白原＜360mg/dl	1%
MD Anderson(用于 CAR-T 细胞治疗后的 sHLH/MAS）	铁蛋白＞10 000μg/L 并满足以下中的 2 项：血清转氨酶或胆红素升高 3 级以上；少尿或血清肌酐升高 3 级以上；肺水肿 3 级以上；或组织学证实骨髓或器官的噬血现象	7%
以上标准的组合		23%

改编自 Sandler et al.2020

表 30–2 Hscore 适用于 CAR-T 细胞治疗

参 数	评分（评分标准）
体温（℃）	0（＜38.4）、33（38.4～39.4）或 49（＞39.4）
脏器肿大	0（无）、23（肝大或脾大）或 38（肝大和脾大）
血细胞减少的系数 †	0（一系）、24（两系）或 34（三系）
铁蛋白（ng/ml）	0（＜2000）、35（2000～6000）或 50（＞6000）

（续表）

参　数	评分（评分标准）
甘油三酯（mmol/L）	0（<1.5）、44（1.5～4）或 64（>4）
纤维蛋白原（g/L）	0（>2.5）或 30（≤2.5）
谷草转氨酶（U/L）	0（<30）或 19（≥30）
骨髓抽吸中的噬血现象	0（无）或 35（有）

†. 定义为血红蛋白水平≤9.2g/dl 和（或）白细胞计数≤5000/mm³ 和（或）血小板计数

积极的强免疫抑制治疗以控制高炎症状态对于 sHLH/MAS 的有效治疗起到关键作用，早期识别和干预非常重要并可降低死亡率。尽管超过一半的患者对类固醇治疗耐药，但类固醇仍是诱导治疗的基石（Fukaya 等，2008）（表 30-3）。

表 30-3　已发布的方案在 HSCT 或 CAR-T 细胞治疗后 sHLH/MAS 管理中的应用

已发布的方案	方案组成部分	中心（n）
MD Anderson（CAR-T 细胞治疗后）	支持治疗、广谱抗生素、静脉注射托珠单抗或司妥昔单抗（抗 IL-6 药物）、静脉注射类固醇	4
HLH-2004（用于 fHLH）	8 周初始治疗为静脉注射地塞米松和依托泊苷。8 周后加入环孢素，继续脉冲使用地塞米松，并在等待骨髓移植（bone marrow transplantation，BMT）供体的同时继续依托泊苷	2
La Rosee 等	大多数情况下使用类固醇 ± 静脉注射免疫球蛋白，如果由恶性肿瘤引发，则加用依托泊苷；如果与自身免疫相关，则使用环孢素和阿那白滞素；如果与 CAR-T 细胞相关，则使用抗 IL-6	1
HLH-94（用于 fHLH）	8 周初始治疗为静脉注射地塞米松和依托泊苷，随后进行 BMT 的最终治疗	1

阿那白滞素（Anakinra，IL-1 受体拮抗药）在难治性 sHLH/MAS 中有效，并且在脓毒症患者中相对安全（Shakoory 等，2016；Eloseily 等，2019）。因此，阿那白滞素已用于难治性 sHLH/MAS，并在成人严重 sHLH/MAS 患者中表现出良好效果。IVIG 对类固醇耐药和感染（尤其是 EBV）引发的 sHLH/MAS 也

可能有效（Chen 等，1995）。

最近发表了一种针对 sHLH/MAS 的治疗方案，该方案兼顾到这种综合征的异质性。第一线治疗为静脉注射甲泼尼龙（intravenous Methylprednisolone，IVMP）每天 1g，持续 3～5 天，另加 IVIG 每天 1g/kg，持续 2 天，可在第 14 天重复。如果已有明确的 sHLH/MAS 证据或临床恶化，阿那白滞素应加入治疗，起始剂量为每天 1～2mg/kg，逐步增加至每天 8mg/kg。环孢素（Cyclosporin A，CSA）可用于早期或类固醇耐药病例。难治性病例中可考虑依托泊苷治疗，但对于 CAR-T 细胞治疗后的 sHLH/MAS 患者，因已存在的血细胞减少可能带来更严重的问题。此外，应筛查并治疗触发因素，如 EBV、细菌感染或基础恶性肿瘤，特别是淋巴瘤（Vatsayan 等，2016）。

CAR-T 细胞治疗患者的注意事项

类固醇仍是 sHLH/MAS 治疗的基石，但 50% 的患者对类固醇治疗无反应。针对 CAR-T 细胞治疗后 HLH/MAS 的最新建议具体如下。

- 甲泼尼龙每天 1g，持续 3～5 天 + 静脉注射免疫球蛋白每天 1g/kg，持续 2 天，并在第 14 天重复。
  - 如病情恶化，可加入静脉注射阿那白滞素，剂量可达 100mg，每天 4 次。
  - 对于难治性病例，可使用依托泊苷。
- 其他 CAR-T 细胞治疗后 sHLH/MAS 的治疗方法。
  - 卢可替尼：在个案报道和小型 I 期研究中发现有效。
- 细胞因子阻断药可能被使用。
- IVIG：可能有效，特别是当潜在原因是感染时。

关键点

- 对于持续发热且未发现感染原因的患者，应筛查 sHLH/MAS。
- 血清铁蛋白是 sHLH/MAS 合适且易获取的生物标志物。
- 类固醇是诱导治疗的基石。
- 超过 50% 的患者对类固醇治疗耐药。
- 静脉注射阿那白滞素是二线治疗。
- 依托泊苷可用于难治性 sHLH/MAS。

参考文献

[1] Chen RL, Lin KH, Lin DT, Su IJ, Huang LM, Lee PI, et al. Immunomodulation treatment for childhood virus-associated haemophagocytic lymphohistiocytosis. Br J Haematol. 1995;89:282-90.

[2] Eloseily EM, Weiser P, Crayne CB, Haines H, Mannion ML, Stoll ML, et al. Benefit of anakinra in treating pediatric secondary hemophagocytic lymphohistiocytosis. Arthritis Rheumatol. 2019;72:326-34.

[3] Fukaya S, Yasuda S, Hashimoto T, Oku K, Kataoka H, Horita T, et al. Clinical features of Haemophagocytic syndrome in patients with systemic autoimmune diseases: analysis of 30 cases. Rheumatology. 2008;47:1686-91.

[4] Karakike E, Giamarellos-Bourboulis EJ. Macrophage activation-like syndrome: a distinct entity leading to early death in sepsis. Front Immunol. 2019;10:55.

[5] Neelapu SS, Tummala S, Kebriaei P, Wierda W, Gutierrez C, Locke FL, et al. Chimeric antigen receptor T-cell therapy - assessment and management of toxicities. Nat Rev Clin Oncol. 2018;15:47-62.

[6] Sandler RD, Tattersall RS, Schoemans H, Greco R, Badoglio M, Labopin M, Alexander T, Kirgizov K, Rovira M, Saif M, Saccardi R, Delgado J, Peric Z, Koenecke C, Penack O, Basak G, Snowden JA. Diagnosis and Management of Secondary HLH/MAS Following HSCT and CAR-T Cell Therapy in Adults; A Review of the Literature and a Survey of Practice Within EBMT Centres on Behalf of the Autoimmune Diseases Working Party (ADWP) and Transplant Complications Working Party (TCWP). Front Immunol. 2020;31(11):524.

[7] Shakoory B, Carcillo JA, Chatham WW, Amdur RL, Zhao H, Dinarello CA, et al. Interleukin-1 receptor blockade is associated with reduced mortality in sepsis patients with features of macrophage activation syndrome: reanalysis of a prior phase Ⅲ trial. Critical Care Med. 2016;44:275-81.

[8] Vatsayan A, Cabral L, Abu-Arja R. Hemophagocytic lymphohistiocytosis (HLH) after hematopoietic stem cell transplant (HSCT) or an impostor: a word of caution! Blood Marrow Transplant. 2016;22:S262-3.

第 31 章　ICU

ICU

李　萍　**译**　　贺鹏程　**审**

CAR-T 细胞治疗伴随明显的不良反应，这对血液病病房的结构和容量提出了挑战，所以需要经常将患者间歇性转入 ICU。危及生命的不良事件包括细胞因子释放综合征和免疫效应细胞相关神经毒性综合征，它们可能在治疗后数小时或数天内发生。对于免疫功能低下的高危患者，在 CAR-T 输注后的数天内出现了脓毒血症，这也需要转入 ICU。

重症监护和 ICU 专家在管理接受 CAR-T 细胞治疗的患者中发挥着重要作用。相当一部分患者需要 ICU 床位，而 CRS 是 ICU 入院的主要原因（Fitzgerald 等，2017; Gutierrez 等，2020）。及时且适当的 ICU 管理有赖于血液病学专家和 ICU 专家之间的紧密沟通，同时适时确定 ICU 入院的最佳时机。不到一半的患者需要大剂量升压药、机械通气或肾脏替代疗法（Azoulay 等，2020）。同时，ICU 提供适当的抗生素治疗、控制感染源、超声引导下的液体扩容、急性肾损伤的预防及最佳氧合的策略也对患者大有裨益。

对于一些有并发症的患者，从他们入选接受 CAR-T 细胞治疗时 ICU 专家的作用就开始了。评估患者的虚弱程度和发生器官功能障碍及脓毒症的风险有助于确定转入 ICU 的最佳时机。当患者开始进行淋巴细胞清除治疗时，ICU 专家就会被告知。当然，当患者出现持续的 1 期或 2 期 CRS 时，ICU 专家也会被告知。总的来说，这些谨慎的策略减少了 ICU 入院的需求，尽管全球细胞疗法和免疫疗法的广泛应用使 ICU 床位变得紧张，这些策略在稀缺的 ICU 床位设置中发挥了重要作用。

为了最佳管理 CAR-T 接受者，血液学专家、肿瘤学家和重症监护医生需要掌握必要的知识和技能。跨学科会议有助于协调患者管理，使所有参与者了解各自领域的最新进展。近段时间以来，ICU 主要被看作治愈肿瘤患者的桥梁（Azoulay 等，2017;Gray 等，2021）。然而，CAR-T 细胞疗法挑战了这一概念，它为每位患有难治性恶性肿瘤但仍寄希望于完全缓解或作为过渡到其他有希望的治疗手段的患者提供了一个时间有限的治疗机会。然而，并非所有患者都对 CAR-T 细胞治疗有反应，许多患者最终会复发。因此，我们需要在不确定的背景下调整 ICU 的出入院方法，并对患者抱有康复的希冀。

以下关键点强调了 ICU 专家在 CAR-T 细胞接受者治疗过程中所起的重要作用，并提出保持各相关专业之间紧密合作的重要性。

关键点

CAR-T 细胞治疗：强调多学科合作的框架（改编自 Azoulay E 等，Am J Respir Crit Care Med.2019）。

- 提请 ICU 专家会诊，评估 CAR-T 细胞治疗的适应证并预测输注后的风险；在淋巴细胞清除治疗时出现任何毒性或脓毒症迹象时进行会诊。
- 建立一个公共的信息网络以共享重要信息。
- 达成护理目标的共识。
- 应为所有 CAR-T 细胞疗法接受者考虑有时限的试验。
- 必须在至少 7 天内每天多次对 CRS 和 ICANS 进行临床评估。
- 一旦 CRS 达到Ⅱ级，应立即安排转入 ICU。
- 利用最新的技术进展。
- 与所有的利益相关方协调以促进研究。
- 与其他专家分享经验。

参考文献

[1] Azoulay E, Darmon M, Valade S. Acute life-threatening toxicity from CAR-T cell therapy. Intensive Care Med. 2020;46(9):1723-6. https://doi.org/10.1007/s00134-020-06193-1.

[2] Azoulay E, Schellongowski P, Darmon M, et al. The intensive care medicine research agenda on critically ill oncology and hematology patients. Intensive Care Med. 2017;19 https://doi. org/10.1007/s00134-017-4884-z.

[3] Azoulay E, Shimabukuro-Vornhagen A, Darmon M, von Bergwelt-Baildon M. Critical Care Management

of Chimeric Antigen Receptor T Cell-related Toxicity. Be aware and prepared. Am J Respir Crit Care Med. 2019;200(1):20-3. https://doi.org/10.1164/rccm.201810-1945ED.

[4] Fitzgerald JC, Weiss SL, Maude SL, et al. Cytokine release syndrome after chimeric antigen receptor T cell therapy for acute lymphoblastic leukemia. Crit Care Med. 2017;45(2):e124-31. https://doi.org/10.1097/CCM.0000000000002053.

[5] Gray TF, Temel JS, El-Jawahri A. Illness and prognostic understanding in patients with hematologic malignancies. Blood Rev. 2021;45:100692. https://doi.org/10.1016/j.blre.2020.100692.

[6] Gutierrez C, Brown ART, Herr MM, et al. The chimeric antigen receptor-intensive care unit (CAR-ICU) initiative: surveying intensive care unit practices in the management of CAR-T cell associated toxicities. J Crit Care. 2020;58:58-64. https://doi.org/10.1016/j.jcrc.2020.04.008.

第 32 章　CAR-T 细胞治疗后急性淋巴细胞白血病的管理：巩固和复发

Post-CAR-T Cell Therapy (Consolidation and Relapse): Acute Lymphoblastic Leukaemia

涂三芳　**译**　　都孟仪　**审**

CD19 CAR-T 细胞治疗后，达到微小残留病阴性完全缓解的 B 细胞急性淋巴细胞白血病患者行异基因造血干细胞移植巩固治疗。

关于 B-ALL 患者在 CD19 CAR-T 细胞治疗达 MRD 阴性 CR 后行异基因造血干细胞移植巩固性治疗的作用仍存在争议。ELIANA 临床试验研究了 Tisagenlecleucel 在复发 / 难治性 B-ALL 的儿童和年轻成人中的效果，最新数据显示中位持续缓解时间和总生存期尚未达到（中位随访时间为 24 个月）。获得应答的患者 24 个月的无复发生存率为 62%，并且概率曲线在 1 年后趋于平稳（Grupp 等，2019）。仅有 9% 的 CR 患者接受了 allo-HCT，提示 CD19 CAR-T 细胞 Tisagenlecleucel 可能在相当大比例的儿童患者中具有治愈作用。相比之下，目前的数据尚未表明 CD19 CAR-T 细胞疗法在成人 R/R B-ALL 患者中可获得类似儿童患者的确切疗效。在由各大医疗研究机构及制药公司发起的 CD19 CAR-T 细胞治疗成人 B-ALL 的临床试验中，结果显示中位持续缓解时间在 8～19 个月之间，而在 CAR-T 细胞治疗 CR 后接受巩固性 allo-HCT 的患者比例在不同研究中相差比较明显（35%～75%）（Shah 等，2019；Frey 等，2020；Hay 等，2019；Park 等，2018）。在我们的临床数据中观察到在接受 CD19 CAR-T 细胞后获得 MRD 阴性 CR 患者桥接 allo-HCT 的疗效更好，2 年无事件生存率和总生存率分别为 61% 和 72%。在调整了先前确定与 EFS 预后相关因素（淋巴清除化疗前 LDH 水平和血小板计数，环磷酰胺 – 氟达拉滨清除淋巴细胞）后，allo-HCT 的风险比为 0.39（95%CI 0.13～1.15，*P*=0.09），提示 CAR-T 桥接 allo-HCT 对 EFS 有益。基于这些发现，我们建议在 CD19 CAR-T 细胞治疗后获得 MRD 阴性 CR 的成人 R/R B-ALL 患者中进行巩固性 allo-HCT。此外，还需考虑患者的年龄和选择偏向、合并症、既往移植史、MRD 状态。NCI/NIH（Lee 等，2016）和西雅图儿童医院（Summers 等，2018）的研究人员报道了在 CD19 CAR-T 细胞疗法后接受 allo-HCT 的儿童和年轻成人具有生存优势。然而，值得注意的是，目前的数据依赖于非随机、回顾性分析，可能存在重要的偏倚（Suissa，2007；Lévesque 等，2010）。

CD19 CAR-T 细胞治疗 B-ALL 后复发的管理

（一）CD19 CAR-T 细胞治疗后 CD19 阳性复发的处理

如果冷冻保存的成品 CAR-T 细胞可用，并且靶抗原仍然表达，那么我们可以选择用“剩余”细胞作为第二次 CAR-T 细胞产品回输。我们证实二次 CD19 CAR-T 细胞输注是可行且可耐受性的，但在大多数情况下，抗肿瘤效果受到针对小鼠 scFv CAR 域的抗 CAR 免疫反应的限制。我们观察到在第一次 CAR-T 细胞输注之前接受了环磷酰胺和氟达拉滨淋巴清除化疗预处理，并且接受了较高 CAR-T 细胞剂量（比第一次 CAR-T 细胞输注高 10 倍）的患者取得了更好的结果。然而，第二次 CAR-T 细胞输注仅在 14 名 ALL 患者中的 3 名（21%）中达到了 CR（Gauthier 等，2020）。目前研究正在努力通过使用包含人源化或全人源 scFv 的 CAR 来减轻或规避抗 CAR 免疫反应（Gauthier 等，2018；Brudno 等，2020）。Maude 等评估了携带人源化 scFv 的 CD19 CAR-T 细胞产品 CTL119 在 38 名儿童和年轻成人中的应用效果（Grupp 等，2015）。在暴露于鼠源 CAR 的患者（CAR-exposed）中可实现 43%MRD 阴性 CR，尽管这一比例低于未暴露 CAR 人群（CAR-naïve）的成功率（100%）。应答者在 12 个月的无复发生存概率分别为 82% 和 56%（CAR-exposed 和 CAR-naïve 队列）。另一份报道中，Cao 等观察到在 5 名先前暴露于鼠源 CD19 CAR-T 细胞的患者中有 2 名患者获得 CR（Cao 等，2019）。需要进一步的研究来确定免疫原性、CAR-T 细胞功能不佳或疾病相关因素是否导致了既往暴露鼠源 CAR 的患者行全人源或人源化 scFv 的 CD19 CAR-T 细胞疗效降低。

（二）CD19 CAR-T 细胞治疗后 CD19 阴性复发的处理

CD19 CAR-T 细胞治疗后出现 CD19 阴性复发的 B-ALL 细胞的患者使用靶向 CD22 的 CAR-T 细胞治疗获得令人鼓舞的结果。Shah 等报道了 58 名复发 / 难治性 B-ALL 的儿童和年轻成人（其中 62% 的患者既往接受过 CD19 CAR-T 细胞治疗）接受 CD22 CAR-T 细胞治疗临床数据，结果显示 61% 的患者实现了 MRD 阴性 CR，中位持续缓解时间为 6 个月（35 名 MRD 阴性 CR 患者中的 13 名后续接受了 allo-HCT）（Shah 等，2020），其中在之前接受过 CD19 CAR-T 细胞治疗的患者中，MRD 阴性 CR 的概率为 64%。Pan 等应用 CD22 CAR-T 细胞治疗 34 名儿童和成人患者（其中 91% 的患者既往接受 CD19 CAR-T 细胞治疗后失败），76% 的患者实现了 MRD 阴性 CR，CR 患者 1 年的无白血病生存率为 58%（30 名 CR 患者中的 11 名后续接受了 allo-HCT）（Pan 等，2019）。

关键点

- 当条件允许时，CD19 CAR-T 细胞治疗获得 MRD 阴性 CR 的成人 R/R B-ALL 患者建议桥接异基因造血干细胞移植巩固疗效。
- CD22 CAR-T 细胞在 CD19 CAR-T 细胞治疗失败后可获得较高应答率，后续巩固性 allo-HCT 观察到更高比例无病生存率。
- 全人源或人源化 scFv 的 CD19 CAR-T 细胞正在研究中，减轻抗 CAR 免疫反应可能有助于提高重复 CAR-T 细胞输注的疗效。

参考文献

[1] Brudno JN, Lam N, Vanasse D, Shen YW, Rose JJ, Rossi J, et al. Safety and feasibility of anti-CD19 CAR-T cells with fully human binding domains in patients with B-cell lymphoma. Nat Med. 2020;26(2):270-80.

[2] Cao J, Cheng H, Qi K, Chen W, Shi M, Zheng J, et al. Humanized CD19-specific chimeric antigen receptor T cells for acute lymphoblastic leukemia. Blood. 2019;134(Supplement_1):3872.

[3] Frey NV, Shaw PA, Hexner EO, Pequignot E, Gill S, Luger SM, et al. Optimizing chimeric antigen receptor T-cell therapy for adults with acute lymphoblastic leukemia. J Clin Oncol. 2020;38(5):415-22.

[4] Gauthier J, Bezerra E, Hirayama AV, Pender BS, Vakil A, Steinmetz RN, et al. Repeat infusions of CD19 CAR-T cells: factors associated with response, CAR-T cell in vivo expansion, and progression-free survival.

ASTCT. 2020;26(3):S267-S8.

[5] Gauthier J, Hirayama AV, Hay KA, Sheih A, Pender BS, Hawkins RM, et al. Immunotherapy with T-cells engineered with a chimeric antigen receptor bearing a human CD19-binding single chain variable fragment for relapsed or refractory acute lymphoblastic leukemia and B-cell non-Hodgkin lymphoma. Blood. 2018;132(Supplement 1):1415.

[6] Grupp SA, Maude SL, Rives S, Baruchel A, Boyer M, Bittencourt H, et al. Tisagenlecleucel for the treatment of pediatric and young adult patients with relapsed/refractory acute lymphoblastic leukemia: updated analysis of the ELIANA clinical trial. Biol Blood Marrow Tr. 2019;25(3):S126-S7.

[7] Grupp SA, Maude SL, Shaw PA, Aplenc R, Barrett DM. Durable remissions in children with relapsed/refractory ALL treated with T cells engineered with a CD19-targeted chimeric antigen receptor (CTL019). Blood. 2015;126(23):681.

[8] Hay KA, Gauthier J, Hirayama AV, Voutsinas JM, Wu Q, Li D, et al. Factors associated with durable EFS in adult B-cell ALL patients achieving MRD-negative CR after CD19 CAR-T cell therapy. Blood. 2019;133(15):1652-63.

[9] Lee DW, Stetler-Stevenson M, Yuan CM, Shah NN, Delbrook C, Yates B, et al. Long-term outcomes following CD19 CAR-T cell therapy for B-ALL are superior in patients receiving a Fludarabine/cyclophosphamide preparative regimen and post-CAR hematopoietic stem cell transplantation. Blood. 2016;128(22):218.

[10] Lévesque LE, Hanley JA, Kezouh A, Suissa S. Problem of immortal time bias in cohort studies: example using statins for preventing progression of diabetes. BMJ. 2010;340(mar12 1):b5087.

[11] Pan J, Niu Q, Deng B, Liu S, Wu T, Gao Z, et al. CD22 CAR-T cell therapy in refractory or relapsed B acute lymphoblastic leukemia. Leukemia. 2019;33(12):2854-66.

[12] Park JH, Riviere I, Gonen M, Wang X, Senechal B, Curran KJ, et al. Long-term follow-up of CD19 CAR-therapy in acute lymphoblastic leukemia. N Engl J Med. 2018;378(5):449-59.

[13] Shah BD, Bishop M, Oluwole OO, Logan A, Baer MR, Donnellan W, et al. End of phase I results of ZUMA-3, a phase 1/2 study of KTE-X19, anti-CD19 chimeric antigen receptor (CAR) T cell therapy, in adult patients (pts) with relapsed/refractory (R/R) acute lymphoblastic leukemia (ALL). ASCO. 2019;37(15_suppl):7006.

[14] Shah NN, Highfill SL, Shalabi H, Yates B, Jin J, Wolters PL, et al. CD4/CD8 T-cell selection affects chimeric antigen receptor (CAR) T-cell potency and toxicity: updated results from a phase I anti-CD22 CAR-T cell trial. J Clin Oncol. 2020;38(17):1938-50.

[15] Suissa S. Immortal time bias in observational studies of drug effects. Pharmacoepidem Dr S. 2007;16(3):241-9.

[16] Summers C, Annesley C, Bleakley M, Dahlberg A, Jensen MC, Gardner R. Long term follow-up after SCRI-CAR19v1 reveals late recurrences as well as a survival advantage to consolidation with HCT after CAR-T cell induced remission. Blood. 2018;132(Supplement 1):967.

第 33 章　CAR-T 细胞治疗后淋巴瘤的管理：巩固与复发

Post-CAR-T Cell Therapy (Consolidation and Relapse): Lymphoma

刘　辉　**译**　　周红升　**审**

尽管 CAR-T 细胞治疗在非霍奇金淋巴瘤中的应用已有 10 年，但其治疗效果仍在不断变化，病情控制现在成为大多数诊疗经验丰富中心的主要关注点。尽管对难治性患者的客观反映（objective response，OR）率非常吸引人，但该人群的长期总生存率仅有轻微改善。关键研究表明，尽管在治疗后的前 3 个月内达到完全缓解时，结果有所改善（Wang 等，2020；Schuster 等，2019；Neelapu 等，2017），2 年 OS 率仍未超过 30%。尽管能够达到这种极高 OR 水平这一点值得称赞，但在 OS 方面的改进仍不显著，目前的 OS 率仍不令人满意。

存在多个原因导致这种现象：大量患者部分未能获得初期反应，部分在治疗后很快疾病进展，OS 较差（Chow 等，2019）。这些患者在 CAR-T 细胞治疗之前通常存在较高的肿瘤负荷或侵袭性，可能是由于进入 CAR-T 细胞治疗流程过晚或 CAR-T 细胞制备时间过长。解决这些问题的潜在方案包括：更广泛宣传 CAR-T 细胞的疗效，以期尽早进入 CAR-T 细胞治疗流程，以及开发缩短制备时间的方法（Rafiq 等，2020）。针对后者，使用异体淋巴细胞可能允许在需要时立即使用已准备好的细胞，只要能平衡移植物抗宿主病的风险（Graham 和 Jozwik，2018）。实现 CR 是提高 OS 的关键步骤，因为部分缓解或疾病稳定的患者 OS 率较低，而当 CR 维持超过 6 个月时，复发的概率目前似乎较低（Komanduri，2021）。然而，在治疗后的几个月中，超过一半的患者可能会复发，这可能由于 CAR-T 细胞的持久性差［这一点在急性淋巴细胞白血病中可能不像以前认为的那么关键（Komanduri，2021）］或靶抗原表达丧失［这已被频繁记录（Rafiq 等，2020）］。这两种机制有可能被应用于研发减少 CAR-T 细胞治疗后复发的方法。

当前，最流行的方法是尝试使用两种针对不同抗原的 CAR-T 细胞，或创建针对多个抗原或非 CD19 抗原的 CAR-T 细胞结构（Shah 等，2020）。联合 CAR-T 细胞疗法与其他靶向疗法也在其他 B 细胞恶性肿瘤中进行探索，似乎可以增加 CR 率并减少复发（Gauthier 等，2020）。当复发发生时，患者的 OS 通常较差，最好的剩余选项可能是参与临床试验。如果没有这种选择，可以尝试挽救性治疗，但由于大多数疾病在免疫治疗之前对多线治疗方案耐药，细胞毒治疗的选择非常有限。一些个案报道和小型研究报道了使用抗 PD-1 抗体、伊布替尼或免疫调节剂的治疗，支持证据主要是个案研究（Byrne 等，2019）。即便在出现新的客观反映时，随后的复发风险仍然很大，可能需要进一步进行自体干细胞移植（Byrne 等，2019），这种策略在急性淋巴细胞白血病患者中已有应用（Hay 等，2019）。然而，这种策略在 NHL 患者中的有效性仍需在临床试验中验证。

最近，尽管证据有限，但有研究报道了额外二次输注 CAR-T 细胞治疗引发的 OR。在 21 名 NHL 患者中，第二次输注后的 OR 率为 52%（CR，n=4；PR，n=7），一些持久反应支持进一步研究（Gauthier 等，2021）。总体而言，由于复发后的预后较差，目前的努力也集中在预测最可能发生疾病进展的患者，并作为预防性巩固治疗的潜在人选，毫无疑问，未能快速实现 CR 的患者应该是首要人选。此外，免疫监测应不仅涵盖 CAR-T 细胞的持续性，还应检测循环肿瘤 DNA（Komanduri，2021），因为这有助于检测亚临床复发并决定是否应进行巩固或维持治疗。然而，目前所有这些方法都只是在探索中，需进一步的临床研究。

关键点

- CAR-T 细胞治疗后 NHL 的复发通常预后较差。
- 目前对挽救治疗尚无共识。
- 研究预防复发的方法是必需的。
- 推荐参与临床试验。

参考文献

[1] Byrne M, Oluwole OO, Savani B, et al. Understanding and managing large B cell lymphoma relapses after chimeric antigen receptor T cell therapy. Biol Blood Marrow Transplant. 2019;25(11):e344-51.

[2] Chow VA, Gopal AK, Maloney DG, et al. Outcomes of patients with large B-cell lymphomas and progressive disease following CD19-specific CAR-T cell therapy. Am J Hematol. 2019;94(8):E209-13.

[3] Gauthier J, Hirayama AV, Purushe J, et al. Feasibility and efficacy of CD19-targeted CAR-T cells with concurrent ibrutinib for CLL after ibrutinib failure. Blood. 2020;135(19):1650-60.

[4] Gauthier J, Bezerra ED, Hirayama AV, et al. Factors associated with outcomes after a second CD19-targeted CAR-T cell infusion for refractory B-cell malignancies. Blood. 2021;137(3):323-35.

[5] Graham C, Jozwik A. Pepper a et al allogeneic CAR-T cells: more than ease of access? Cell. 2018;7(10):5.

[6] Hay KA, Gauthier J, Hirayama AV, et al. Factors associated with durable EFS in adult B-cell ALL patients achieving MRD-negative CR after CD19 CAR-T cell therapy. Blood. 2019;133(15):1652-63.

[7] Komanduri KV. Chimeric antigen receptor T-cell therapy in the management of relapsed non-Hodgkin lymphoma. J Clin Oncol. 2021;39(5):476-86.

[8] Neelapu SS, Locke FL, Bartlett NL, et al. Axicabtagene ciloleucel CAR-T cell therapy in refractory large B-cell lymphoma. N Engl J Med. 2017;377(26):2531-44.

[9] Rafiq S, Hackett CS, Brentjens RJ. Engineering strategies to overcome the current roadblocks in CAR-T cell therapy. Nat Rev Clin Oncol. 2020;17(3):147-67.

[10] Schuster SJ, Bishop MR, Tam CS, et al. Tisagenlecleucel in adult relapsed or refractory diffuse large B-cell lymphoma. N Engl J Med. 2019;380(1):45-56.

[11] Shah NN, Johnson BD, Schneider D, et al. Bispecific anti-CD20, anti-CD19 CAR-T cells for relapsed B cell malignancies: a phase 1 dose escalation and expansion trial. Nat Med. 2020;26(10):1569-75.

[12] Wang M, Munoz J, Goy A, et al. KTE-X19 CAR-T cell therapy in relapsed or refractory mantle-cell lymphoma. N Engl J Med. 2020;382(14):1331-42.

第 34 章　CAR-T 细胞治疗后多发性骨髓瘤的管理：巩固与复发

Post-CAR-T Cell Therapy (Consolidation and Relapse): Multiple Myeloma

曹　江　**译**　　唐晓文　**审**

使用靶向 BCMA 的 CAR-T 细胞治疗晚期复发 / 难治性多发性骨髓瘤显示了非常鼓舞人心的结果。在迄今为止的两项最大规模的二期研究 Ide-cel（Idecabtagene autoleucel，KarMMa） 和 Cilta-cel（Ciltacabtagene autoleucel，CARTITUDE 1）中，患者总缓解率在 73%～96.9%，完全缓解率在 33%～67.9%，微小残留病阴性率在 50%～74%（Madduri 等，2020; Munshi 等，2021）。然而不幸的是，治疗反应通常难以维持，生存曲线中尚未出现平台期。在 KarMMa 研究中，128 名患者输注 CAR-T 细胞后中位无进展生存期为 8.8 个月（95%CI 5.6～11.6），在接受最高剂量（450×10^6 CAR^+T 细胞）的患者中 PFS 增加到 12.1 个月（95%CI 8.8～12.3），在达到 CR 的患者中 PFS 增加到 20.2 个月（95%CI 12.3～NE）。在 CARTITUDE-1 研究中，中位随访时间为 12.4 个月，中位 PFS 尚未达到，12 个月的 PFS 率为 76.6%（95%CI 66.0～84.3）。与目前批准的 CD19 CAR-T 细胞治疗弥漫性大 B 细胞淋巴瘤或 B 系急性淋巴细胞白血病相比，BCMA CAR-T 细胞治疗后患者 PFS 缺乏明显的平台期，后者尽管 PFS 较短，CR 率较低但如果患者在 CAR-T 细胞治疗 6 个月后保持无复发，可能疾病会长期得到控制甚至获得治愈。

CAR-T 细胞治疗后 MM 出现耐药和复发的机制仍不完全清楚，出现治疗后生存差异可能有几种因素（D'Agostino 和 Raje，2020; Rodríguez-Otero 等，2020）。MM 是一种高度异质的疾病，具有高度的克隆异质性和高度失调的骨髓微环境。此外，评估 CAR-T 细胞疗效的大多是经历了大量前期治疗的患者，这些患者通常是三重药物耐药且接受了已有治疗方案的难治人群，其预期的 PFS 不到 4 个月（Gandhi 等，2019）。

为了维持治疗反应并延长生存期，多种策略正在尝试，如双靶点 CAR-T 细胞治疗以防止抗原丢失（Jiang 等，2020），或者增加输注产品中长期存活的记忆型 T 细胞比例，从而提高 CAR-T 细胞体内存活时间并提高治疗效果（Alsina 等，2020；Costello 等，2019；Fraietta 等，2018）。巩固治疗反应的最新策略是与免疫刺激药物（如免疫调节药或检查点抑制药）的联合使用，以提高 CAR-T 细胞的功能持久性并避免细胞耗竭。目前，这些策略正在进行临床试验。

有趣的是，关于 CAR-T 细胞治疗后的复发，最新数据表明 PFS 与 OS 之间存在不一致。CRB-401 一期研究的最新结果显示，在所有回输细胞剂量中发现中位 PFS 和 OS 分别为 8.8 个月（95%CI 5.9～11.9）和 34.2 个月（95%CI 19.2～NE）（Lin 等，2020）。KarMMa 研究中的 OS 数据仍不成熟，目前 66% 的患者数据仍处于审查状态（Munshi 等，2021）。迄今为止，这种 PFS 与 OS 之间的差距在其他研究中并不明显，但大多数试验的随访时间仍然较短。在 BCMA CAR-T 细胞治疗临床研究中，如随访时间比较长的 Legend-2 研究，所有治疗患者的中位 PFS 为 20 个月，中位 OS 尚未达到，18 个月的 OS 率为 68%（Chen 等，2019）。这表明在 CAR-T 细胞治疗后复发的 MM 患者可能对随后挽救性治疗有反应，包括以前失败的药物组合，从而可以推测 CAR-T 细胞可能会诱导免疫系统或骨髓微环境的潜在改变。遗憾的是，目前尚未有数据解释这一现象。另外，CAR-T 细胞治疗显著改善了生活质量（Cohen 等，2020；Martin Ⅲ等，2020；Shah 等，2020），这种更好的身体状况及较长的无治疗间隔是可能促使患者接受挽救治疗的两个关键因素，同时也有助于延长 OS。

不幸的是，目前尚无数据明确 CAR-T 细胞治疗进展后的最佳挽救治疗方案。已有病例报道显示，BCMA 靶向的 CAR-T 细胞输注后复发的患者接受其他抗 BCMA 药物（如马贝兰他单抗）或检查点抑制药的效果有限（Cohen 等，2019）。尽管如此，对于 BCMA CAR-T 细胞治疗失败的患者，最佳的治疗方法将是采用不同机制的治疗（如美法仑、CELMOD、塞利尼索）或针对不同靶点的免疫治疗（如 SLAMF7、GPRC5D、FcRH5），包括双特异性 T 细胞结合体（塔奎妥单抗或西沃司他单抗）或其他 CAR-T 细胞产品。新治疗方式和早期阶段的研究将为解决“BCMA CAR-T 细胞治疗后复发”这一具有挑战性的问题提供答案。

关键点

- BCMA CAR-T 细胞治疗在多重药物耐药的 MM 人群中显示了非常鼓舞人心的结果，但尚未出现生存平台期。
- 在 CRB-401 研究中，观察到 PFS（中位 PFS 为 8.8 个月）与 OS（中位 OS 为 34.2 个月）之间存在显著差距，表明 BCMA CAR-T 细胞治疗失败的患者可能对随后挽救治疗有反应。
- 目前尚无数据能够阐明在 CAR-T 细胞治疗进展后应提出哪些最佳的救援治疗方案。
- CAR-T 细胞治疗后的挽救治疗应包括具有新机制的药物（如美法仑、CELMOD、塞利尼索）或靶向浆细胞表面不同抗原的治疗［如 GPRC5D（塔奎妥单抗）或 FcRH5（西沃司他单抗）］。

参考文献

［1］ Alsina M, Shah N, Raje NS, et al. Updated results from the phase I CRB-402 study of anti-BCMA CAR-T cell therapy bb21217 in patients with relapsed and refractory multiple myeloma: correlation of expansion and duration of response with T cell phenotypes. Blood. 2020;136(Suppl 1):25-6. https://doi.org/10.1182/blood-2020-140410.

［2］ Chen L, Xu J, Fu W Sr, et al. Updated phase 1 results of a first-in-human open-label study of Lcar-B38M, a structurally differentiated chimeric antigen receptor T (CAR-T) cell therapy targeting B-cell maturation antigen (BCMA). Blood. 2019;134(Suppl_1):1858. https://doi.org/10.1182/blood-2019-130008.

［3］ Cohen AD, Garfall AL, Dogan A, et al. Serial treatment of relapsed/refractory multiple myeloma with different BCMA-targeting therapies. Blood Adv. 2019;3(16):2487-90. https://doi. org/10.1182/bloodadvances.2019000466.

［4］ Cohen AD, Hari P, Htut M, et al. Patient expectations and perceptions of treatment in CARTITUDE-1: phase 1b/2 study of ciltacabtagene autoleucel in relapsed/refractory multiple myeloma. Blood. 2020;136(Suppl 1):13-5. https://doi.org/10.1182/blood-2020-136383.

［5］ Costello CL, Gregory TK, Ali SA, et al. Phase 2 study of the response and safety of P-BCMA-101 CAR-T cells in patients with relapsed/refractory (r/r) multiple myeloma (MM) (PRIME). Blood. 2019;134(Suppl_1):3184. https://doi.org/10.1182/blood-2019-129562.

［6］ D’Agostino M, Raje N. Anti-BCMA CAR-T cell therapy in multiple myeloma: can we do better? Leukemia.

2020;34(1):21-34. https://doi.org/10.1038/s41375-019-0669-4.
[7] Fraietta JA, Lacey SF, Orlando EJ, et al. Determinants of response and resistance to CD19 chimeric antigen receptor (CAR) T cell therapy of chronic lymphocytic leukemia. Nat Med. 2018;24(5):563-71. https://doi.org/10.1038/s41591-018-0010-1.
[8] Gandhi UH, Cornell RF, Lakshman A, et al. Outcomes of patients with multiple myeloma refractory to CD38-targeted monoclonal antibody therapy. Leukemia. 2019;33(9):2266-75. https://doi.org/10.1038/s41375-019-0435-7.
[9] Jiang H, Dong B, Gao L, et al. Clinical results of a multicenter study of the first-in-human dual BCMA and cd19 targeted novel platform fast CAR-T cell therapy for patients with relapsed/refractory multiple myeloma. Blood. 2020;136(Suppl 1):25-6. https://doi.org/10.1182/blood-2020-138614.
[10] Lin Y, Raje NS, Berdeja JG, et al. Idecabtagene vicleucel (ide-cel, bb2121), a BCMA-directed CAR-T cell therapy, in patients with relapsed and refractory multiple myeloma: updated results from Phase 1 CRB-401 study. Blood. 2020;136(Suppl 1):26-7. https://doi.org/10.1182/blood-2020-134324.
[11] Madduri D, Berdeja JG, Usmani SZ, et al. CARTITUDE-1: phase 1b/2 study of ciltacabtagene autoleucel, a B-cell maturation antigen-directed chimeric antigen receptor T cell therapy, in relapsed/refractory multiple myeloma. Blood. 2020;136(Suppl 1):22-5. https://doi. org/10.1182/blood-2020-136307.
[12] Martin T Ⅲ, Lin Y, Agha M, et al. Health-related quality of life in the cartitude-1 study of ciltacabtagene autoleucel for relapsed/refractory multiple myeloma. Blood. 2020;136(Suppl 1):41-2. https://doi.org/10.1182/blood-2020-136368.
[13] Munshi NC, Anderson LDJ, Shah N, et al. Idecabtagene vicleucel in relapsed and refractory multiple myeloma. N Engl J Med. 2021;384(8):705-16. https://doi.org/10.1056/NEJMoa2024850.
[14] Rodríguez-Otero P, Prósper F, Alfonso A, et al. CAR-T cells in multiple myeloma are ready for prime time. J Clin Med. 2020;9(11) https://doi.org/10.3390/jcm9113577.
[15] Shah N, Delforge M, San-Miguel JF, et al. Secondary quality-of-life domains in patients with relapsed and refractory multiple myeloma treated with the BCMA-directed CAR-T cell therapy idecabtagene vicleucel (ide-cel; bb2121): results from the Karmma clinical trial. Blood. 2020;136(Suppl 1):28-9. https://doi.org/10.1182/blood-2020-136665.

第 35 章　免疫监测

Immune Monitoring

梅　恒　**译**　　胡永仙　**审**

CAR-T 扩增和持久性是治疗效果和毒性的关键参数（Locke 等，2020）。然而，CAR-T 细胞是特定于患者的"活药物"，其体内扩增能力不可预测。因此，密切的输注后监测应成为更好地管理这种治疗的主要前提。关键参数包括 CAR-T 细胞扩增动力学、表型免疫重建和血清生物标志物（图 35-1）（Kalos 等，2011；Hu 和 Huang，2020）。此外，应计划在未来的假设驱动研究中在专门的研究中心前瞻性地收集和储存患者样本。迄今为止，尽管 CAR-T 细胞治疗迅速扩展，但尚无标准的 CAR 监测推荐，并且迫切需要在多个中心之间进行协调。

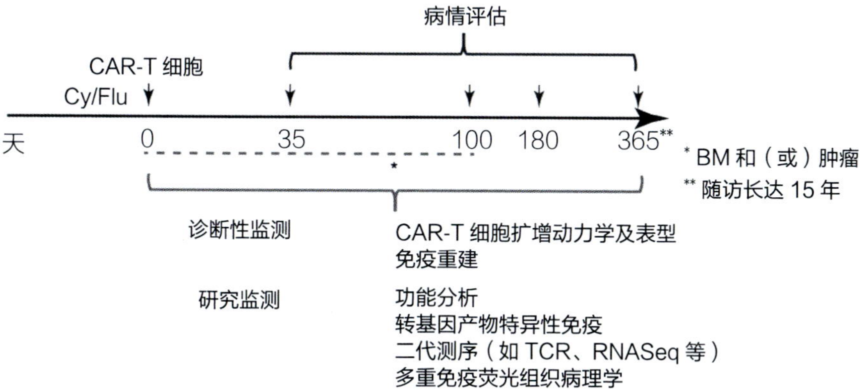

▲ **图 35-1　CAR-T** 细胞治疗后的监测示意

CAR-T. 嵌合抗原受体 T 细胞；BM. 骨髓；TCR.T 细胞抗原受体

一、CAR-T 细胞的分子监测通过数字 PCR

大多数临床使用的 CAR-T 细胞产品由稳定转导了编码相应 CAR 构建体的逆转录病毒或慢病毒载体的自体淋巴细胞组成。集成的 CAR 载体通常通过实时定量 PCR（quantitative real-time PCR，qPCR）或数字 PCR（digital PCR，dPCR）在基因组水平上进行检测。令人惊讶的是，在临床试验之外，CAR 特异性诊断工具最初缺乏，需要重新设计实验室特异性检测来计数体内的 CAR-T 细胞（Badbaran 等，2020；Fehse 等，2020；Kunz 等，2020）。尽管技术有所不同，但 qPCR 和 dPCR 检测都能产生稳健而准确的结果，对样本质量的要求有限（表 35–1）。

dPCR 具有极高的灵敏度，不依赖于标准曲线或多次重复。作为限制，DNA 导向的 PCR 监测无法提供 CAR 构建体的表达信息。然而，CAR-T 细胞的扩增强烈依赖于 CAR 与其相应抗原的相互作用。因此，我们的数据已显示 dPCR 与流式细胞术（Badbaran 等，2020）及临床结果（Ayuk 等，2021）具有出色的相关性。由于流式细胞术检测有助于 CAR-T 细胞的表型特征化，这两种方法相互补充。

表 35–1　分子监测工具的比较

分析原理	qPCR	dPCR
特异性引物和荧光探针	是	是
样本内目标基因的分析	群体水平	在分割成微小液滴后进行
扩增	在 PCR 循环中扩增并量化扩增子	在每个液滴内单独扩增和量化扩增子
定量	连续中间荧光测量	依赖终点荧光测量
数据的稳健性和可靠性	高	非常高[a]
需要参考样本 / 标准曲线	是	否
单细胞工具	否	是
仪器的分布	通常可用	仍然不太常用
操作难度	易于实施	需要更多培训和技术技能
成本（Campomenosi 等，2016）[b]	3.33 欧元 / 样本	3.66 欧元 / 样本

（续表）

分析原理	qPCR	dPCR
多重检测[c]	是	是
经过认证的仪器在商业上是否可用	是	是（有限）

a. 与 qPCR 相比，dPCR 具有非常稳健的扩增动力学并抑制扩增噪声

b. 在引用的研究中，每个样本的成本基于单次测量，dPCR 为单次测量，qPCR 为三次重复分析，并且不包括仪器折旧

c. 减少样本 / 试剂的使用量和移液噪声，增加了通量

qPCR. 实时定量聚合酶链反应；dPCR. 数字聚合酶链反应

二、流式细胞术监测 CAR-T 细胞

通过流式细胞术（flow cytometry，FCM）识别 CAR-T 细胞可以使用直接识别 CAR（表位、连接区）的单克隆抗体（monoclonal antibody，mAb）或 CAR 构建中包含的特定标签。另一种方法是使用抗原 –Fc 嵌合蛋白，这些蛋白包含 CAR 靶抗原并与人 IgG Fc 片段融合。需要一个二次染色步骤来使用标记有荧光染料的抗 –Fc 或抗生物素（如果抗原 –Fc 被生物素化）mAb 来检测 CAR 表达的细胞（Hu 和 Huang，2020）。在实际操作中，临床试验之外的患者接受商业化的 CD19 CAR-T 细胞时，使用生物素化 CD19-Fc 蛋白进行两步染色协议来进行监测。FCM 的优点在于可以将 CAR 染色与其他细胞表面标志物结合，以在 T 细胞亚型（CD4 和 CD8 表达）、分化（初始与记忆）和耗竭（PD1、TIM3、Lag3）方面对 CAR-T 细胞进行表征。此外，结果可以实时提供给医生。该技术的局限性在于灵敏度相对较低。在 T 细胞比例低于 0.5% 时，FCM 的可靠性较差，因此需要通过 PCR 进行监测。通过对细胞输注后外周血中 CAR-T 细胞进行连续 FCM 分析，可以获得两个重要信息：扩增峰值（C_{max}，最大 CAR-T 细胞比例或绝对值）和 CAR-T 细胞在 D0 和 D28 之间的曲线下面积（AUC0-28）。这两个参数与 B 淋巴细胞恶性肿瘤治疗后的反应和并发症风险相关（Park 等，2018；Fraietta 等，2018；Locke 等，2020；Ayuk 等，2021）。为了确定这些参数，建议 CAR-T 细胞监测的频率为 CAR-T 细胞给药后的前 2 周每周 2～3 次，在第 21 天和第 28 天进行监测，接着每月一次直到 3 个月，然后每 3 个月一次直到 1 年（Rubio 等，2021）。

三、附加免疫参数监测（非 CAR-T 细胞、B 细胞、NK 细胞和细胞因子）

接受抗 CD19 CAR-T 细胞治疗的患者可能会出现长期的 CD4 T 淋巴细胞减少及 B 细胞缺乏伴随严重的低免疫球蛋白血症，使他们即使在造血恢复后仍特别容易感染细菌和病毒（Logue 等，2021）。因此，建议在随访的第 1 年中，对非 CAR-T CD4 和 CD8 T 细胞、B 细胞和 NK 细胞及血清免疫球蛋白水平进行常规免疫监测。

CAR-T 细胞给药后，由于 T 淋巴细胞的激活（如 IL-6、IFN-γ、sIL2-Rα、sIL-6R、GM-CSF、IL-2 和 TNF-α）、单核 – 巨噬细胞的激活和招募（如 IFN-α、IL-1β、IL-6、IL-1Rα、IL-10、IL-12、IL-13、IL-15、sIL-6R、TNF-α、CXCL10、CCL2 和 IL-8）及组织损伤的反应（如 IL-6、IL-8、G-CSF 和 GM-CSF），会产生大量的细胞因子（Brudno 和 Kochenderfer，2019）。一些干扰因素，如脓毒症、CAR-T 细胞扩增的程度和肿瘤负荷，也会影响细胞因子水平。一些细胞因子特征已被描述用于预测细胞因子释放综合征（Teachey 等，2016）、免疫效应细胞相关神经毒性综合征（Santomasso 等，2018）或 CAR-T 细胞在体内的扩增能力（Kochenderfer 等，2017）。临床实践中的一个主要限制是缺乏经过验证的快速细胞因子定量测试来预测严重并发症。因此，需要在同质患者群体中进一步研究，以确定细胞因子是否可以预测并发症的发生或治疗效果。建议参与前瞻性研究或在每次 CAR-T 细胞分析时收集血清样本。

关键点

CAR-T 细胞治疗后的免疫监测应仔细进行。

- 医用 CAR-T 细胞产品是复杂的“活药物”，其体内表现不可预测。因此，建立相应的诊断和研究监测计划是合理开发这一方法的优先任务。
- 分子监测，尤其是 dPCR，是一个优秀、可靠且灵敏的实时 / 现场持久性追踪工具。
- 流式细胞术是监测早期 CAR-T 细胞扩增和表征 CAR-T 细胞表型的简便且迅速的工具，这两者均与治疗反应相关。
- 推荐常规监测 T 细胞、B 细胞和 NK 细胞群体及免疫球蛋白水平，以评估感染风险。

- 推荐收集血清以进一步探索和识别细胞因子特征，从而预测并发症或治疗反应。
- 希望在多个中心之间协调患者监测工作（如参考实验室、共享数据库和与专门研究中心的合作）。成功实施这些联合努力将大大推进我们对 CAR-T 细胞转移生物学的理解，并最重要的是服务我们的患者。

参考文献

[1] Ayuk FA, Berger SC, Badbaran A, et al. Axicabtagene ciloleucel in vivo expansion and treatment outcome in aggressive B-cell lymphoma in a real-world setting. Blood Adv. 2021;5(11):2523-7.
[2] Badbaran A, Berger C, Riecken K, et al. Accurate in-vivo quantification of CD19 CAR-T cells after treatment with axicabtagene ciloleucel (Axi-cel) and tisagenlecleucel (Tisa-cel) using digital PCR. Cancers (Basel). 2020;12:1970.
[3] Brudno JN, Kochenderfer JN. Recent advances in CAR-T cell toxicity: mechanisms, manifestations and management. Blood Rev. 2019;34:45-55.
[4] Campomenosi P, Gini E, Noonan DM, et al. A comparison between quantitative PCR and droplet digital PCR technologies for circulating microRNA quantification in human lung cancer. BMC Biotechnol. 2016;16:60.
[5] Fehse B, Badbaran A, Berger C, et al. Digital PCR assays for precise quantification of CD19-CAR-T cells after treatment with axicabtagene ciloleucel. Mol Ther Methods Clin Dev. 2020;16:172-8.
[6] Fraietta JA, Lacey SF, Orlando EJ, et al. Determinants of response and resistance to CD19 chimeric antigen receptor (CAR) T cell therapy of chronic lymphocytic leukemia. Nat Med. 2018;24:563-71.
[7] Hu Y, Huang J. The chimeric antigen receptor detection toolkit. Front Immunol. 2020;11:1770.
[8] Kalos M, Levine BL, Porter DL, et al. T cells with chimeric antigen receptors have potent antitumor effects and can establish memory in patients with advanced leukemia. Sci Transl Med. 2011;3:95ra73.
[9] Kochenderfer JN, Somerville RPT, Lu T, et al. Lymphoma remissions caused by anti-CD19 chimeric antigen receptor T cells are associated with high serum interleukin-15 levels. J Clin Oncol. 2017;35:1803-13.
[10] Kunz A, Gern U, Schmitt A, et al. Optimized assessment of qPCR-based vector copy numbers as a safety parameter for GMP-grade CAR-T cells and monitoring of frequency in patients. Mol Ther Methods Clin Dev. 2020;17:448-54.
[11] Locke FL, Rossi JM, Neelapu SS, et al. Tumor burden, inflammation, and product attributes determine outcomes of axicabtagene ciloleucel in large B-cell lymphoma. Blood Adv. 2020;4:4898-911.
[12] Logue JM, Zucchetti E, Bachmeier CA, et al. Immune reconstitution and associated infections following axicabtagene ciloleucel in relapsed or refractory large B-cell lymphoma. Haematologica. 2021;106(4):978-86.
[13] Park JH, Riviere I, Gonen M, et al. Long-term follow-up of CD19 CAR therapy in acute lymphoblastic leukemia. N Engl J Med. 2018;378:449-59.
[14] Rubio MT, Varlet P, Allain V, et al. Immunomonitoring of patients treated with CAR-T cells for hematological malignancy: guidelines from the CARTi group and the francophone Society of Bone Marrow Transplantation and Cellular Therapy (SFGM-TC). Bull Cancer. 2021;108(12S):S53-64.
[15] Santomasso BD, Park JH, Salloum D, et al. Clinical and biological correlates of neurotoxicity associated with CAR-T cell therapy in patients with B-cell acute lymphoblastic leukemia. Cancer Discov. 2018;8:958-71.
[16] Teachey DT, Lacey SF, Shaw PA, et al. Identification of predictive biomarkers for cytokine release syndrome after chimeric antigen receptor T-cell therapy for acute lymphoblastic leukemia. Cancer Discov. 2016;6:664-79.

第 36 章　长期随访和晚期效应

Long-Term Follow-Up and Late Effects

李　萍　**译**　　赵翔宇　**审**

目前对 CAR-T 细胞治疗的长期效果知之甚少。尽管中期并发症（如全血细胞减少症和低免疫球蛋白血症）可能持续存在并需要持续治疗，但这种新的免疫治疗方法似乎没有其他长期持久的不良反应（Fried 等，2019；Cordeiro 等，2020；Cappell 等，2020）。然而，到目前为止，CAR-T 疗法已在经历多次复发治疗的患者中进行评估，包括异体干细胞移植，这使得难以确定哪些效果可能直接归因于这种新型治疗。尽管如此，随着 CAR-T 细胞治疗的使用增加，需要建立结构化的生存者护理模型。影响护理需求的因素包括主要恶性肿瘤、先前的治疗、特定的 CAR-T 细胞治疗及患者的年龄和虚弱程度。

目前识别出的主要晚期效应如表 36-1 所示。低免疫球蛋白血症和持续性细胞减少症在 ALL 患者中似乎比在 B-NHL 患者中更为常见。在 ELIANA 试验中，测试了在 ALL 中使用的 Tisagenlecleucel（Kymriah™），B 细胞恢复的中位时间在 13 个月的中位随访时间内尚未达到（Maude 等，2018）。在三种细胞系中也普遍报告了持续性细胞减少症。在一项对 29 名 ALL 或 B-NHL 患者进行的以 CTL109 为治疗、以 CD28 共刺激域为基础的以色列研究中，与晚期细胞减少症相关的因素包括先前的异体干细胞移植和更高等级的细胞因子释放综合征（Fried 等，2019）。

除了一名在 ZUMA-1 试验中在 19 个月时发展为 MDS 的患者外，三项导致 CD-19 靶向治疗获得批准的临床试验中未报道有继发性恶性肿瘤。此外，在如此重度预处理的患者中，预期会出现一些晚期肿瘤。虽然有报道称 CAR 基因意外插入白血病 B 细胞，但迄今为止，尚未有报道在 CAR-T 细胞生产过程中出现插入性致癌现象。

表 36-1　CAR-T 细胞治疗后的主要晚期不良反应

不良反应	发生率	治疗管理
血细胞减少症（尤其是中性粒细胞减少）	输注后 2 个月 所有级别：约 50% >2 级：约 20%	输血、促生长因子、感染预防
低丙种球蛋白血症	约 50%，输注后多年持续	静脉注射免疫球蛋白
感染	主要为上呼吸道感染，>50% 为细菌感染	IVIG、抗生素、病毒筛查、疫苗接种
继发性恶性肿瘤	实体肿瘤>血液系统肿瘤	监测、警觉
神经系统影响	约 10%，包括神经病变和脑血管事件	支持性护理、跨学科诊断和治疗方案
精神问题	约 10%，包括抑郁和焦虑	支持性护理、跨学科诊断和治疗方案
免疫相关问题	<10%，包括肺泡炎、肺炎、皮炎、关节痛、肌炎等	皮质类固醇、免疫抑制药、跨学科诊断和治疗方案

CAR-T 细胞治疗后的疫苗接种角色仍不明确。在有证据的特定 CAR-T 疫苗接种程序产生之前，类似于干细胞移植的方案应予考虑（Majhail 等，2012）。

一、随访与程序

作为一种专业服务，欧洲的 CAR-T 疗法通常采用枢纽 - 辐射模型：患者从地方医院转诊到区域细胞治疗中心。一种选择是与移植受者一起在 JACIE 认证的异体干细胞移植晚期效应门诊进行随访。这些门诊使用检查清单模型，以确保对生还者进行系统和长期的晚期毒性评估。随着时间的推移，如果不断增长的生还者群体达到一定规模，可以发展专门的 CAR-T 晚期效应门诊。CAR-T 中心与转诊中心之间的服务水平协议（service-level agreements，SLA）应涵盖共享护理和外展安排。

这些门诊需要多学科团队（multidisciplinary team，MDT）的参与，包括参与 CAR-T 施治的医生、临床护士专家、临床心理学家、数据管理人员和临床试验工作人员。所有 CAR-T 接受者都经过了大量的预处理。因此，需要考虑更广泛的身体和心理晚期效应的累积负担。门诊需要涵盖的领域包括 CAR-T 持久性；继发性恶性肿瘤；自身免疫疾病；内分泌、生殖和骨健康；心理健康；患者报告的结果，包括生活质量（Buitrago 等，2019；Ruark 等，2020）。重要的是，迄今为止进行的患者报告的生活质量研究表明，身体和心理健康水平与正常人群相当。

初步随访将根据基础疾病的状态来决定。患者在第一年应每月随访一次，重点关注缓解状态及任何短期并发症。随后的随访可以集中于长期效应，接下来的 2 年每 6 个月随访一次，之后每年随访一次，直到 15 年，并可能无限期进行。接受后续异体干细胞移植、细胞毒性疗法和（或）免疫效应细胞疗法的患者应按建议进行随访（Majhail 等，2012）。

二、药物授权后安全监测

由于 Tisagenlecleucel（Kymriah™）和 Axicabtagene ciloleucel（Yescarta™）均基于使用病毒载体对自体 T 细胞进行基因修改，因此 EMA 和 FDA 将其市场批准条件附加于 15 年的药物授权后安全监测（post-authorisation safety surveillance，PASS）。2019 年，EMA 发现 EBMT 注册库的细胞治疗模块适用于对这种药物流行病学研究的监管。MED-A 细胞治疗表格已被修改，以适用于 CAR-T 细胞及其他学术或工业制造的细胞治疗。2020 年 11 月，德国健康保险监管机构指示中心将商业 CAR-T 细胞治疗报告给 EBMT 注册库，并确认报告这些数据将成为 CAR-T 细胞治疗费用报销的条件。

三、JACIE

FACT-JACIE 标准最初是为 HCT 程序的认证开发的（Snowden 等，2017；Saccardi 等，2019）。目前的第 7 版标准还涵盖了免疫效应细胞，以适应包括 CAR-T 细胞在内的细胞治疗。除了涉及急性毒性管理政策的条款外，标准 B.7.12 还规定了“由适当专家对接受者进行细胞治疗后晚期效应的监测政策和标准操作程序”。IEC 标准的检查已纳入 JACIE 现场访问中。

对于那些在认证的 HCT 程序之外进行 CAR-T 细胞治疗的中心，有多种选择。鉴于目前大多数 CAR-T 细胞治疗用于治疗淋巴瘤，IEC 标准的合规性可以作为覆盖自体 HCT（auto-HCT）的认证的一部分。对于在非 HCT 程序之外工作的多发性骨髓瘤专家，也可以应用相同的考虑。如果 CAR-T 细胞或相关疗法被更广泛地应用于非血液肿瘤，FACT 已经采用的另一种策略是进行专门针对 CAR-T 细胞和其他 IEC 的独立 IEC 认证。JACIE 还提供了一种强有力的方法，以确保程序满足向 EBMT 注册库提交强制性长期数据的要求，以及可能的生存结果基准测试。

FACT-JACIE 标准的第 8 版将于 2021 年发布，提供有关免疫效应细胞的更多细节，以帮助中心建立和保证 CAR-T 细胞治疗的质量、安全实施、短期和长期随访的框架。

关键点

- 迄今为止，直接归因于 CAR-T 细胞治疗的持久性毒性较少。
- 目前已识别的主要晚期效果包括低丙种球蛋白血症、细胞减少症和感染。
- 生存照护的结构化模型包括 JACIE 认证的 HCT 晚期效应门诊。
- 需要在门诊监测的领域包括 CAR-T 持久性；继发性恶性肿瘤；自身免疫疾病；内分泌、生殖和骨骼健康；心理健康；患者报告的结果，包括生活质量。
- EMA 已要求对所有 CAR-T 细胞疗法进行 15 年的药物授权后安全监测，并批准了 EBMT 注册库的细胞治疗模块用于此目的。
- 当前第 7 版 FACT-JACIE 移植标准还涵盖了免疫效应细胞，以适应包括 CAR-T 细胞在内的细胞治疗。

参考文献

[1] Buitrago J, Adkins S, Hawkins M, Iyamu K, Oort T. Adult survivorship: considerations following CAR-T cell therapy. Clin J Oncol Nurs. 2019;23(2):42-8.

[2] Cappell KM, Sherry RM, Yang JC, Goff SL, Vanasse DA, McIntyre L, et al. Long-term follow-up of anti-cd19 chimeric antigen receptor T-cell therapy. J Clin Oncol. 2020;38(32):3805-15.

[3] Cordeiro A, Bezerra ED, Hirayama AV, Hill JA, Wu QV, Voutsinas J, et al. Late events after treatment with CD19-targeted chimeric antigen receptor modified T cells. Biol Blood Marrow Transplant. 2020;26(1):26-33.

[4] Fried S, Avigdor A, Bielorai B, Meir A, Besser MJ, Schachter J, et al. Early and late hematologic toxicity following CD19 CAR-T cells. Bone Marrow Transplant. 2019;54(10):1643-50.

[5] Majhail NS, Rizzo JD, Lee SJ, Aljurf M, Atsuta Y, Bonfim C, et al. Recommended screening and preventive practices for long-term survivors after hematopoietic cell transplantation. Bone Marrow Trans-

plant. 2012;47(3):337-41.

[6] Maude SL, Laetsch TW, Buechner J, Rives S, Boyer M, Bittencourt H, et al. Tisagenlecleucel in children and young adults with B-cell lymphoblastic leukemia. N Engl J Med. 2018;378(5):439-48.

[7] Ruark J, Mullane E, Cleary N, Cordeiro A, Bezerra ED, Wu V, et al. Patient-reported neuropsychiatric outcomes of long-term survivors after chimeric antigen receptor T cell therapy. Biol Blood Marrow Transplant. 2020;26(1):34-43.

[8] Saccardi R, McGrath E, Snowden AJ. JACIE accreditation of HSCT programs. In: The EBMT handbook; 2019. p. 35-40.

[9] Snowden JA, McGrath E, Duarte RF, Saccardi R, Orchard K, Worel N, et al. JACIE accreditation for blood and marrow transplantation: past, present and future directions of an international model for healthcare quality improvement. Bone Marrow Transplant. 2017;52(10):1367-71.

第五篇

CAR-T 细胞的获取

Access to CAR-T Cells

第37章　欧洲CAR-T细胞的监管框架：现状与可预见的变化及主管当局和制造商对中心的资格认定

The Regulatory Framework for CAR-T Cells in Europe: Current Status and Foreseeable Changes AND Centre Qualification by Competent Authorities and Manufacturers

都孟仪　**译**　　涂三芳　**审**

一、当前框架

根据现行的欧盟法规，CAR-T 细胞疗法从属于先进疗法药物框架。ATMP 是一种药品类别，如欧盟第 1394/2007 号法规所定义并分为四类。其中自体或异体 CAR-T 细胞等疗法被认为是基因疗法药物（gene therapy medicinal products，GTMP）。ATMP 需经过集中评估框架审批，该评估框架由欧洲药品管理局的高级疗法委员会（Committee for Advanced Therapies，CAT）主导，一次授权便可适用于所有欧盟国家。该框架包括 ATMP 从临床试验到上市许可过程中的不同监管途径，而具体途径的采取依赖于产品特性和受众群体。2018 年，两个 CAR-T 细胞疗法（Yescarta 和 Kymriah）通过优先药物 PRIME 计划获得了上市许可（Detela 和 Lodge，2019）。

ATMP 的生产、分发和管理需要完全不同于用于造血干细胞移植的组织计划，其制造通常需在符合良好生产规范的中央设施内进行。2017 年欧洲委员会专门发布了一版 GMP，以指导 ATMP 的生产制造。由于大多数能获得上市许可或至少到临床试验阶段的 ATMP 是由自体单核细胞生产的，其起始材料通常从医院或血库运营的血液净化设施获得，这就陷入了一种怪圈：产品在一种监管框架下开始（欧盟关于人体组织和细胞指令），然后转入另一种监管框架（ATMP 法规），其中医院则作为产业的服务提供方，这种互动需要进一步界定各自的责任和义务（McGrath 和 Chabannon，2018）。涵盖移植过程所有步骤的组织和细胞指令正在审查中，预计欧盟委员会将在 2021 年底提出立法提案。新架构将进一步考虑产品如何跨越这两个监管框架的灰度地带。

鉴于 CAR-T 细胞疗法的高毒性特征，市场授权可能会与风险管理计划（Risk Management Plan，RMP）相伴而行。目前授权的 CAR-T 疗法的 RMP 包括制造商需要对治疗患者的研究机构进行资格认证。本章将对治疗场所的资格认证进行说明。

二、医院豁免

认识到许多潜在的 ATMP 仅用于有限数量的患者，并且商业界对此兴趣索然，欧盟第 1394/2007 号法规第 28 条提出了所谓的医院豁免（hospital exemption，HE）。根据第 28 条，在医院或大学生产的 ATMP，如果是在执业医师的指导下为个别患者开具的处方，则可免除授权要求。这种生产应按照特定的 GMP 非定期地进行，并且只能在同一成员国内进行。

2021 年 2 月，西班牙药品监管机构（Agencia Española de Medicamentosy Productos Sanitarios，AEMPS）在医院豁免条款下批准了第一款已由欧洲国家当局批准的 CAR-T 细胞疗法，即由巴塞罗那医院临床中心开发的 ARI-0001 CAR-T。

国家当局负责医院豁免产品的审批，从而导致了成员国在审批应用方面的显著差异。由此引发了来自行业界及学术界的批评，认为审批过程不明确且不一致。

三、学术界的角色

学术界在临床试验早期阶段中仍然非常活跃，这些临床试验旨在评估创新的 GTMP 作为传统造血干细胞移植的补充、替代或桥接作用。最近的一项研究得出，即使在过去 5～6 年中，在行业对这些疗法兴趣盎然的背景下，美国超过 50% 的 CAR-T 细胞试验仍由学术界赞助（Kassir 等，2020）。许多公共机构已经投资大量资源，以将加工设施升级到符合 GMP 标准，从而允许进行小规模的实验性药品生产，以支持 Ⅰ 期和可能的 Ⅱ 期研究。此外，学术界还必须成为监管领域的积极参与者，与当局进行互动，共享专业知识并交换观点。通过 EBMT 这样的洲际注册机构，学术机构将继续发挥关键作用，其数据和程序知识将对研究人员、行业、医疗监管机构和支付方都非常有用（Hildebrandt，2020）。

四、健康技术评估

对于市场授权持有者而言，获得 EMA 的批准只是一个步骤。为了在欧盟市场上获得入场券，制造商现在必须向国家医疗保险报销机构，也称健康技术评估机构进行申请。这些机构将评估新疗法相对于当前标准治疗的成本变化和附加价值。与集中式授权过程不同，HTA 评估是在国家级别进行的，并且在成员国之间存在很大的差异。在过去十年中，欧盟致力于在全欧洲范围内实现更协调统一的 HTA 流程，但成员国间仍然存在显著阻力，并且欧盟委员会于 2018 年初提出的立法提案在议会过程中进展非常缓慢。

五、未来重点

对于 ATMP 包括细胞疗法的获取，可能会对患者、医疗从业人员和国家卫生系统构成特别的挑战，因为它们预计会有很高的成本和复杂性。未来监管框架的变化可能会使上市许可（marketing authorization，MA）和 HTA 更紧密地对接，使它们成为更同步而非先后的过程。EMA 的“大数据”战略强调使用真实世界数据（real-world data，RWD）来支持监管决策，并且正在鼎力支持这一转变。随着监管机构获得更多知识及科学和医学的发展，加速 PRIME 等进程将取得长足发展。欧洲药品监管法规与基因改造生物架构之间的联动可能仍将是在欧盟范围内达成共识的重点。监管机构将见证更多制造过程的自动化，这有助于减少风险和变数。同时，去中心化或“床边”制造可能会变得更加普遍，但仍需获得监管审批和监督。异体 CAR-T 产品也需要大量证据来让监管机构放心，以确保其安全性，特别是关于移植物抗宿主病、细胞排斥反应和基因编辑相关风险的数据。在《通用数据保护条例》（General Data Protection Regulation，GDPR）下，个人健康相关数据的保护措施可能会进行调整，以更好地促进收集的数据在支持调查和监管需求方面的二次使用。

六、中心资格认证：主管部门和制造商

共同目标

主管部门和制造商均要求 CAR-T 细胞治疗的中心具备高水平。关于中心

资格认证，主管部门和制造商至少有一些共同目标，即将 CAR-T 细胞疗法相关的风险降到最低，以提供安全且有效的治疗。国际、国家或地区级的主管部门负责评估护理质量、实践水平和健康结果，对那些在健康护理和患者安全方面展现高标准的中心进行认证。对于制造商来说，主管部门的认证验证了所需标准的遵循情况及必要的资格、流程和资源情况。从中心的角度来看，获得主管部门和相应制造商的必要认证和批准是开展具体 CAR-T 细胞疗法的先决条件。

七、中心评估

在所谓的可行性评估过程中，制造商首先核实的是中心是否获得了主管部门的认证。其他评估项目包括授权活动的范围；中心是否具备执行特定程序和测试的能力，是否能够满足制造商的要求，确保特定的环境条件；是否拥有所需的设备和合格的人员。对于制造商而言，这种评估是一个了解中心设施和日常运作的良好机会，同时也能够识别程序和能力上的限制。评估可能会揭示一些差距，如所需流程的不充分甚至完全缺失。通常，可行性评估是评估潜在合作伙伴的难得机会，它先于制造商对中心进行资格认证的所有其他步骤，而资格认证的范围和细节可能因特定疗法而异。

八、中心审计

中心资格审计通常由制造商在所有合作开始之前进行。其目的是评估中心是否遵守适用的监管要求及中心自身的程序或政策。制造商需要了解所提供服务的情况及其系统的稳健性，包括质量管理、人员培训和资源的能力。他们通常要求在审计前提供一些中心的内部文件和过程细节，以便进行全面审查。在审计过程中，审计员要尽可能多地检查文档，访寻人员，检查设施的关键位置，并评估目标功能区的流程。

在既定的合作过程中，还可以组织其他类型的审计。所谓的监督审计是一种定期审计，旨在确保中心持续符合所需的标准。重点是审查自资格审计以来在相关程序、设施和质量系统中发生的重大变化。对先前审计发现的问题的跟进工作，包括纠正和预防措施的实施，也是监督审计的常见部分，通常每 2～3 年进行一次。

在遇到严重情况如当未满足监管要求、发生重大偏差、重复偏差或存在患者安全问题时，可以进行应急审计。这种审核一般侧重于已识别的不合规项和制造商关注的领域。

任何类型的审计都会产生审计报告，列出审计发现。这些发现可能会被评估为轻微、重大或关键级别。为响应这些发现，中心通常会根据其内部程序进行自我纠正。这通常意味着加强现有流程或创建全新的流程。必须对审计结果做出可接受的答复才能结束审计。

九、中心培训

经过审计的中心将由制造商进一步资格认证，以支持具体的 CAR-T 细胞疗法。制造商通常不着眼于提升人员的常识、技能或态度，他们的重点是说明临床试验或授权疗法的具体细节，而这两类要求的差异较小。一般来说，需要对程序和产品的关键参数、时间安排、环境条件、设备和材料类型、相关文件的填写和使用及利益相关者之间的沟通原则都进行说明。

由于 CAR-T 细胞疗法的复杂性，制造商资格认证的中心人员需履行多种职能。制造商通常会培训参与患者或供体护理、起始材料的采购、处理、中间存储、包装、释放和检验、文件的完成的人员，以及参与 ATMP 的接收、存储、解冻和管理的人员。在实践中，这些职务包括医生、护士、药剂师、采血和实验室技术员及行政工作人员。

所需的程序参数包括持续时间限制、处理量目标、抗凝剂类型、环境条件（如温度和湿度）及断开和封闭采集袋的方法。制造商希望指定的产品参数包括收集量、产量和纯度目标，以及所需的单位和样品数量。在时间安排方面，强调了程序安排及与其他程序步骤或治疗环节协调的重要性。制造商通常会明确要求采购、存储、室内运输、处理和包装起始材料的设备和材料类型，以及 ATMP 的存储、解冻和管理办法。解释了相关文档的目的和使用，并提供了填写、存档或与其他利益相关者共享的说明。彩色编码的样本文档、预填表格和核对清单是最常见的支持材料。

中心资格认证并不局限于现场执行。当旅行或访客限制或社交距离准则使任何外部现场活动无法进行时，也可以远程认证。最近，互联网应用程序、电话会议工具和专门开发的虚拟程序已被制造商成功用于执行可行性评估、审计和培训。

关键点

- CAR-T 细胞疗法从属于 ATMP 框架，给包括医疗提供者和患者在内的所有利益相关方都带来了挑战。
- 监管问题不仅涉及上市许可，还涉及成本效益评估机制，以及间接的 GMO 和数据保护问题。
- 学术界将继续在这些新疗法的开发和实施中发挥重要作用，并期待与其他利益相关方进行合作。
- 监管框架不是一成不变的，会随着经验和知识的发展而不断迭代。
- 主管机构和制造商拥有共同的目标，即将 CAR-T 细胞疗法相关的患者风险降到最低。
- 由主管机构对中心的认证被视为核查所需标准是否得到遵守，以及所需资质、流程和资源是否到位。
- 制造商对支持具体 CAR-T 细胞疗法的中心进行资格审查，并重点关注特定项目的特殊性。
- 中心资格认证不一定需要现场执行，可以通过互联网应用程序、电话会议工具和专门开发的虚拟程序远程进行。

信息来源

［1］ World Health Organization—Patient Safety [Internet]. 13 September 2019. Available from: https://www.who.int/news-room/fact-sheets/detail/patient-safety (Accessed February 2021).

［2］ Yakoub-Agha I, Chabannon C, Bader P, Basak GW, Bonig H, Ciceri F, Corbacioglu S, Duarte RF, Einsele H, Hudecek M, Kernsten MJ, Köhl U, Kuball J, Mielke S, Mohty M, Murray J, Nagler A, Robinson S, Saccardi R, Sanchez-Guijo F, Snowden JA, Srour M, Styczynski J, Urbano-Ispizua A, Hayden PJ, Kröger N. Management of adults and children undergoing chimeric antigen receptor T-cell therapy: best practice recommendations of the European Society for Blood and Marrow Transplantation (EBMT) and the Joint Accreditation Committee of ISCT and EBMT (JACIE) [Internet]. February 2020. Available from: https://haematologica.org/article/view/9515 (Accessed February 2021).

［3］ Taylor L, Rodriguez ES, Reese A, Anderson K. Building a Program-Implications for infrastructure, nursing education, and training for CAR-T cell therapy. Clin J Oncol Nurs. 2019 Apr 1;23(2):20–26. https://doi.org/10.1188/19.CJON. S1.20-26. [Internet]. Available from: https://pubmed.ncbi.nlm.nih.gov/30880820/(Accessed February 2021).

［4］ Black A, Gabriel S, Caulfield D. Implementing chimeric antigen receptor T-cell therapy in practice. The Pharmaceutical Journal [Internet]. 22 May 2020. Available from: https://pharmaceutical-journal. com/article/ld/implementing-chimeric-antigen-receptor-t-cell-therapy-in-practice (Accessed February 2021).
［5］ Quality System Audit Program— Activate apheresis and cell collection sites faster by licensing GTP audit results. Be The Match BioTherapies. [Internet]. Available from: https://bethematchbiotherapies.com/solutions/quality-system-audit-program/(Accessed February 2021).
［6］ Vincinis R. Major vs. Minor Audit Findings. The Auditor. [Internet]. Available from: https://www.theauditor-online.com/major-vs-minor-audit-findings/ (Accessed February 2021).

参考文献

［1］ Detela G, Lodge A. EU regulatory pathways for ATMPs: standard, accelerated and adaptive pathways to marketing authorisation. Mol Therap Method Clin Develop. 2019;13:205-32. https://doi.org/10.1016/j.omtm.2019.01.010.
［2］ Hildebrandt M. Horses for courses: an approach to the qualification of clinical trial sites and investigators in ATMPs. Drug Discov Today. 2020;25(2):265-8. https://doi.org/10.1016/j. drudis.2019.10.003.
［3］ Kassir Z, et al. Sponsorship and funding for gene therapy trials in the United States. JAMA Am Med Assoc. 2020;323(9):890. https://doi.org/10.1001/jama.2019.22214.
［4］ McGrath E, Chabannon C. Regulatory aspects of ATMP versus minimally manipulated immune cells. In: The EBMT handbook: hematopoietic stem cell transplantation and cellular therapies. Springer; 2018. p. 461-4. https://doi.org/10.1007/978-3-030-02278-5_62.

第38章 认证机构（如JACIE或FACT）如何帮助中心获得资质

How Can Accreditation Bodies, Such as JACIE or FACT, Support Centres in Getting Qualified?

都孟仪 **译** 涂三芳 **审**

FACT-JACIE认证体系基于标准驱动的流程，涵盖了造血干细胞移植从供体选择到临床护理的所有步骤。

自1998年批准首版标准以来，超过360多个造血干细胞移植项目或设施至少获得过一次认证，其中大多数都获得了后续的再认证（Snowden等，2017）。

欧洲血液和骨髓移植学会注册中心的认证过程所产生的积极影响已得到充分证实（Gratwohl等，2014）。从第6.1版起，该标准包括了专门为其他细胞治疗产品（特别是免疫效应细胞）开发的新项目。这反映了细胞治疗领域的蓬勃发展，主要（但不限于）是通过基因工程改造细胞，如CAR-T。FACT-JACIE标准涵盖了广泛而重要的方方面面，对那些希望在本国获得认证以提供IEC治疗的中心很有帮助。值得注意的是，在某些国家，FACT-JACIE认证本身是获得健康主管部门批准以提供商业CAR-T细胞治疗的关键（甚至是先决）条件，同时也受到制药公司（无论是开发临床试验的公司还是生产商业产品的公司）的重视。这些公司也会对每个中心的细胞治疗程序和设施进行检查（Hayden等，2021）。对包括IEC治疗项目的FACT-JACIE认证申请逐年增加，从2017年的4个申请增加到2019年批准的36个申请。这些标准不涵盖细胞制造过程，但包括当产品由第三方提供时的责任链（Maus和Nikiforow，2017）。无论如何，中心参与的所有过程步骤（如患者或供体评估、细胞收集、细胞接收和储存）都在标准覆盖范围内，并且包括与内部合作伙伴（如药房部门）的适当协议。此外，从临床角度来看，鉴于对肿瘤的大规模免疫反应相关的急性不良事件频发，IEC 可能需要特别的安全监测系统。虽然标准手册中提供了示例和解释，但应特别强调识别和管理细胞因子释放综合征的重要性，重点不在于具体的疗法，而在于确保医疗和护理团队接受过充分培训，能尽早发现此类及其他潜在并发症（如神经系统并发症）。他们还关注医疗机构及其药房是否能全职提供必要的药物以应对并发症，以及重症监护和神经内科的专科人员是否有能力且在必要时参与提供紧急护理。

即将推出的细胞疗法产品（目前正在研究中）将显示出更广泛的风险特征，因此需要针对具体产品进行风险评估，并相应调整临床诊疗程序。FACT-JACIE 标准将继续适应这些未来需求，以协助中心实现最佳临床结果。

关键点

- FACT-JACIE 标准在过去 20 多年中帮助获得认证的中心改善了其 HSCT 临床结果。
- 这些标准经调整后适用于 IEC 疗法，并且在向国家卫生当局和相关制药公司寻求认证时，是展示最佳质量和性能的关键因素。
- IEC 产品的责任链、与所有相关合作伙伴的协议及对相关不良事件的全覆盖是 IEC 相关标准的关键要素。

参考文献

[1] Gratwohl A, Brand R, McGrath E, et al. Use of the quality management system "JACIE" and outcome after hematopoietic stem cell transplantation. Haematologica. 2014;99:908-15.

[2] Hayden PJ, Roddie C, Bader P, Basak GW, Bonig H, Bonini C, et al. Management of adults and children receiving CAR T-cell therapy: 2021 best practice recommendations of the European Society for Blood and Marrow Transplantation (EBMT) and the Joint Accreditation Committee of ISCT and EBMT (JACIE) and the European Haematology Association (EHA). Ann Oncol. 2021;S0923-7534(21):04876-6. https://doi.org/10.1016/j.annonc.2021.12.003. Online ahead of print.

[3] Maus MV, Nikiforow S. The why, what, and how of the new FACT standards for immune effector cells. J Immunother Cancer. 2017;5:36.

[4] Snowden JA, McGrath E, Duarte RF, et al. JACIE accreditation for blood and marrow transplantation: past, present and future directions of an international model for healthcare quality improvement. Bone Marrow Transplant. 2017;52:1367-71.

第 39 章　针对医生的教育需求

Educational Needs for Physicians

曹　江　**译**　　唐晓文　**审**

CAR-T 细胞疗法是一种新型治疗方法，在高风险复发疾病的患者中具有潜力并可能带来治愈性效果。目前在欧洲，已有三种产品获批（Tisagenlecleucel、Axicabtagene ciloleucel 和 Brexucabtagene autoleucel），用于治疗急性淋巴细胞白血病、侵袭性 B 细胞淋巴瘤和套细胞淋巴瘤，预计不久适应证将扩展至更多血液和非血液疾病。

细胞疗法，包括 CAR-T 细胞疗法，是血液学快速发展的领域，治疗正在变得个体化和特异化。为了确保医生做出最佳决策，必须提供适当的教育程序，并定期更新。需要识别知识差距和障碍，通过持续医学教育解决这些问题。充分的教育可以提高医生的能力和表现，提高决策质量，最终实现患者管理的优化。教育的重要性还体现在国际细胞治疗协会与欧洲血液和骨髓移植学会联合认证委员会（the Joint Accreditation Committee of International Society for Cell & Gene Therapy and the European Society for Blood and Marrow Transplantation，JACIE）认证计划中。该计划的主要目标是通过提供基于国际公认标准的认证，提高细胞疗法中的医疗和实验室实践质量。该认证计划中的相关标准要求临床、采集和处理设施的工作人员参与持续的教育活动（JACIE，2021）。然而，还需要教育扩大到更广泛的社区（即不在 JACIE 认证地点工作的人员），以确保他们充分认识 CAR-T 细胞疗法的作用，识别合适的患者，并了解相关流程将患者及时转诊到治疗中心。由于转诊、细胞采集和 CAR-T 产品交付之间存在不可避免的延迟，医生必须了解这一过程，理想情况下与 CAR-T 细胞治疗中心紧密合作使那些存在高风险疾病进展的患者在等待过程中接受桥接疗法。因此，转诊医生必须了解患者筛选过程、T 细胞采集过程及后续扩增及培养过程，以全面了解患者将经历的治疗过程及相关过程需要的时间。

CAR-T 细胞疗法具有显著的治疗反应率，但也伴随有独特且可能致命的并发症，需要特定的教育更新。细胞因子释放综合征和神经毒性是 CAR-T 细胞疗法最常见的并发症。这些并发症可能同时发生，并且可能迅速发展，其症状范围从轻微到危及生命不等。此外，CRS 的发作通常与感染难以区分，尤其是在中性粒细胞减少的情况下，使得管理这些复杂患者变得更加具有挑战性（Hayden 等，2021）。作为淋巴细胞清除性预处理的常见并发症，血液毒性在 CAR-T 细胞输注后很常见，但其发生模式、持续时间和临床结局尚未被充分描述。学习如何监测和适当治疗持续的细胞减少症对这些患者至关重要。学习定义重症监护病房转诊的最佳时机也很关键，因为任何 ICU 转诊的延迟可能会影响患者的预后。此外，CAR-T 细胞疗法独特的毒性特征使得将实际数据（包括来自患者的视角）纳入管理中变得必要。初步数据表明，患者报告的毒性和心理健康问题在所有生存阶段中都很常见（Barata 等，2021；Hoogland 等，2021）。从患者被确定为 CAR-T 候选者的那一刻起，对患者及其家属进行教育和支持性护理至关重要，有助于提高其相关知识和治疗体验。为解决这些问题，必须从潜在患者识别到治疗和出院的整个过程中，形成一个经过培训的多学科团队，包括血液科医生、肿瘤科医生、重症监护医生、神经科医生、药剂师、心理学家和护士，他们在 CAR-T 细胞治疗过程的不同阶段发挥着重要作用。

涵盖高质量数据的大型注册研究可能为 CAR-T 细胞治疗提供基础知识，并为特定亚群研究创造机会。为了持续评估商业化 CAR-T 细胞的疗效和安全性，欧洲药品管理局已批准使用 EBMT 注册系统，以收集接受 CAR-T 细胞治疗患者长达 15 年的随访数据（EMA，2019）。同样，接受学术和其他制药公司赞助的 CAR-T 细胞疗法患者的随访数据也有望报告至 EBMT 注册系统。因此，EBMT 注册系统中的真实世界数据可能成为改进 CAR-T 细胞疗法应用的主要知识来源，并有助于深入理解患者的短期和长期毒性反应及预后情况。这也将帮助我们了解潜在的生物标志物及可能影响 CAR-T 细胞治疗效果的患者和疾病特征，为更有效的筛选患者和分层奠定基础。

CAR-T 细胞疗法的持续研究旨在阐明耐药机制、免疫逃逸和复发，以克服当前障碍并提高治疗效果。此外，研究还关注现货型同种异体 CAR-T 产品的开发，以简化生产流程并减少不良反应等。因此，细胞疗法领域的复杂性和快速变革要求广泛的合作，以保持从细胞采集到生产再到临床应用整个路径的最新教育规范。GoCART 是由 EBMT 和欧洲血液学会发起的多方利益相关者联盟，提供了关于 CAR-T 细胞疗法的多样化和专题教育的平台。同样，EBMT/EHA 每年举办的欧洲 CAR-T 细胞会议也为该复杂领域提供持续医学教育。此外，EBMT 和 EHA 的在线学习平台（https：//www.ebmt.org/education/e-learning，https：//ehacampus.ehaweb.org）提供定期的线上更新，包括专门的网络研讨会和电子学习课程，不仅涵盖 CAR-T 细胞治疗，还涉及其他可能影响 CAR-T 细胞治疗路径的新兴免疫治疗。该领域仍有许多未知之处，而其快速发展也意味着需要持续、快速的教育更新。

关键点

- 持续医学教育可填补在快速发展的领域中不可避免的知识空白。
- 大数据登记研究、多方利益相关者联盟和多学科教育会议可定期更新整个 CAR-T 细胞治疗流程。
- 需要针对特定主题和最新科学进展进行更新，以提供个性化的高质量患者管理。
- 在线学习平台和 CAR-T 细胞会议为该复杂领域提供充分且专业的更新，但同时也需要对向治疗中心转诊患者的更广泛医疗群体进行教育。
- 持续医学教育是必要的，尤其是在这一领域迅速发展的背景下。

参考文献

[1] Barata A, Hoogland A, Hyland K, et al. Patient-reported toxicities in axicabtagene ciloleucel recipients: 1-year follow-up. Transpl Cell Therap. 2021;27(3):S375. https://doi.org/10.1016/S2666-6367(21)00485-1.

[2] EMA qualification opinion on cellular therapy module of the EBMT Registry. 2019. Available at: https://www.ema.europa.eu/en/cellular-therapy-module-european-society-blood-marrow-transplantation-ebmt-registry.

[3] Hayden PJ, Roddie C, Bader P, Basak GW, Bonig H, Bonini C, et al. Management of adults and children receiving CAR T-cell therapy: 2021 best practice recommendations of the European Society for Blood and Marrow Transplantation (EBMT) and the Joint Accreditation Committee of ISCT and EBMT (JACIE) and the European Haematology Association (EHA). Ann Oncol. 2021;S0923-7534(21):04876-6. https://doi.org/10.1016/j.annonc.2021.12.003. Online ahead of print.

[4] Hoogland A, Jayani R, Collier A, et al. Acute patient-reported outcomes in B-cell malignancies treated with axicabtagene ciloleucel. Cancer Med. 2021;10(6):1936-43.

[5] JACIE. 2021. Available at: https://www.ebmt.org/accreditation/jacie-standards.

第 40 章　成人和儿童病房护理人员的教育需求

Education Needs for Nurses in Adult and Paediatric Units

丁淑仪　**译**　　柯　莎　**审**

CAR-T 细胞治疗路径中的复杂护理涉及多个护理角色，每个角色在治疗的各个阶段具有举足轻重的作用。在多学科专业团队中，护理教育始终在提供安全专业的护理服务和提升患者的治疗体验中扮演重要角色。在整个患者治疗路径中，护理人员的教育需求包括细胞供应链、症状监测链和临床护理服务，我们应该认识到临床护理专家、护理实践教育者及更庞大的多学科团队在传播知识和经验中的重要性。护理教育策略应包括对转诊护理团队的培训，以促进患者在转诊、治疗和随访期间的全程无缝护理，从而优化沟通，满足患者和照顾者的信息需求。

治疗方案可能会随时改变，患者在住院期间可能未达到缓解或疾病复发。对此，在治疗方案中，姑息护理和心理治疗等学科的参与就显得尤为重要。转诊中心与治疗中心之间的关系十分关键，因为从转诊开始时，团队之间的积极沟通是提高护理质量的必要条件。

一、细胞采集

在许多获 JACIE 认证的中心，具备 CAR-T 知识、技能和专业经验的护士在经过培训和能力认证后就能开始执行 CAR-T 细胞的单采工作。细胞采集的预约与制药公司的细胞制备应保持同步，其中，时间的把控至关重要，以达到最大限度地提高细胞的采集质量和最大限度地降低无法治愈的疾病进展风险的效果。细胞采集前的准备工作包括疾病和 CAR-T 产品相关的特定检验和筛查。从技术上讲，CAR-T 细胞的采集类似于供体淋巴细胞或单核细胞的采集，但由于早期治疗后的淋巴细胞计数较低，CAR-T 细胞的采集可能更具挑战性。另外，由于疾病负担和既往治疗史，患者可能伴有疾病和治疗相关症状，在采集过程中也可能出现躯体反应。

二、细胞输注

在大多数中心，冻存细胞的解冻和输注工作均由经培训的护士负责。冻存细胞从制药公司运输至各个中心，采用水浴或自动化设备进行床边解冻。细胞解冻和输注的培训是强制要求参加的。软性废物须放入双层医疗垃圾袋内，标记、编号后放入专用生物危害废物容器中。锐器物（如注射针头、瓶子）须放入密封带盖的锐器盒中，标记和贴上生物危害废物标签，并保留处置记录。处置过程中，护士须始终穿戴个人防护装备。若防护服受到污染，应立即更换并作为软性废物处置；若发生液体溢出，应在穿戴 PPE 的同时使用 Clinell 湿巾或其他消毒产品进行清理。细胞输注前，护士会进行常规床边评估（如患者身份、知情同意书、处方、生命体征、静脉通路）。输注前用药，确保不使用甾体药物。细胞按当地政策和产品规格进行输注。细胞输注期间和输注后均需记录患者的生命体征，并完成所有必要的文档记录。细胞输注过程通常比较顺利，如若患者在输注后期出现严重并发症，应及时通知重症监护室和神经内科会诊。

三、患者监测

CAR-T 细胞输注后最常见的两种毒性反应是细胞因子释放综合征和免疫效应细胞相关神经毒性综合征。

细胞因子释放综合征是最常见的急性毒性反应。常见症状包括发热、低氧血症和低血压，这些症状与中性粒细胞减少性败血症相似。因此，患者需要接受抗生素治疗以应对可能存在的机体感染，并进行全面的败血症筛查。

ICANS 症状可能会逐渐加重，包括失语、意识水平改变、认知功能受损、运动无力、癫痫发作和脑水肿（Lee 等，2019）。护士应注意观察患者是否出现此类症状并了解患者疾病的基线情况，有助于发现细微的病情变化。住院患者的生命体征至少每 4 小时记录一次，以监测 CRS 症状。患者的病情可能会迅速恶化，护士应及时向医疗团队汇报病情，以确保早期识别和早期治疗。推荐的 CRS 和 ICANS 监测与评估工具包括美国移植与细胞治疗学会（American Society for Transplantation and Cell Therapy，ASTCT）的 CRS 分级共识（表 26-1）、免疫效应细胞脑病工具（表 27-1）和 ASTCT 的 ICANS 分级共识（表 27-2）（Lee 等，2019）。若患者的生命体征恶化，护士应明确 CRS 等级并汇报医疗团队。ICE 评分至少每天进行 2 次，该工具极为有效，其中书写项目的评分变化可能是 ICANS 的早期迹象。如果 ICE 评分低于 10 分，应评估 ASTCT 的 ICANS 等级（表 27-3），并通知医疗团队关于患者病情的变化。患者需每天进行血液检查，包括血常规检验、生化检验、C 反应蛋白和铁蛋白；部分中心可能还会进行额外的常规检查。

四、毒性管理

症状治疗是护士在 CAR-T 毒性管理中的关键护理环节。对于疑似 CRS 的患者，护士需要提供支持性措施，如服用对乙酰氨基酚、静脉输液或吸氧。CRS 的一线药物治疗是托珠单抗，这是一种抗人 IL-6 受体单克隆抗体，经静脉注射给药。最多可给药 4 次，每次给药时间至少间隔 8h。CRS 的二线治疗通常是皮质类固醇，但该类药物可能会对 CAR-T 细胞疗效产生有害影响，使用时需谨慎。然而，ICANS 通常以皮质类固醇作为一线治疗，因为托珠单抗是一种大分子药物，无法透过血脑屏障。

五、出院

出院时，患者及其照顾者应被告知关于潜在不良反应的纸质版信息，并获取渠道以联系 CAR-T 团队成员解决出现的问题或担忧。患者必须了解 CRS 和严重神经系统症状，立即向 CAR-T 团队报告所有症状。若患者在第 28 天之前出院，患者需在第 28 天之前暂住在治疗中心附近。他们还应被建议在输注后 8 周或神经症状消失前禁止驾车，因为存在延迟神经毒性的风险。理想情况下，居家期间的前 3 个月患者应受到一名成年人的照护。

六、长期随访

CAR-T 细胞治疗背景下，推荐的最短随访年限为 15 年，患者还需进行年度评估，这不仅符合监管要求，还能获取纵向结果数据，有助于增加证据基础。评估范围和治疗后期的效果筛查可能因产品和疾病指征的不同而有所差异。护士需了解这些情况，协助患者进行预约、协调相关检查、沟通结果及升级处理患者提出的问题。既往的生活质量数据表明，这能够显著改善一些部分缓解和完全缓解的患者的生活质量（Tam 等，2019）。幸存者护理，即为患者及其照顾者从治疗期过渡到恢复期及后续过程提供支持，是护士发展的一个关键领域。

七、儿科考虑因素

目前，Tisagenlecleucel（Kymriah™）是唯一获批用于治疗复发 / 难治性急性淋巴细胞白血病（recurrent/refractory acute lymphoblastic leukemia，R/R ALL）儿童和青年患者（最高至 25 岁）的疗法。儿童的细胞采集过程被认为更安全，但由于儿童的体重轻和生理特点独特，其潜在的不良反应相较于成人可能会更多。儿童的静脉通路较为狭窄，导致静脉流速受限，有时需要置入白细胞分离导管（Mahadeo 等，2019）。体重在 20～25kg 范围的儿童可能需要在细胞采集过程中预先使用浓缩红细胞来启动机器，血袋中的枸橼酸盐蓄积产生毒性，进一步引起代谢性并发症，导致儿童出现不同的症状表现（Del Fante 等，2018）。因此，婴幼儿对于获取足量的细胞来说可能是一个限制因素（Hayden 等，2021）。在预备细胞采集的咨询中，护士应考虑到上述所有问题，并为采集过程提供与年龄相匹配的准备，包括对可能发生的事件顺序的说明及对预期疼痛和感觉的准确判断。低血压和低氧是分级共识中的主要决定因素，低血压评估应考虑年龄和患者的基线水平。虽然 ICE-10 点评分法对于成人脑病的筛查十分有效，但在儿童中使用可能仅限于 12 岁及以上且具备足够认知能力的儿童。对于 12 岁以下的儿童，建议使用康奈尔儿科谵妄量表（Cornell Assessment of Pediatric Delirium，CAPD）来协助评估儿童 ICANS 分级（Lee 等，2019）（表 40-1）。

治疗后，对于 B 细胞缺乏症的儿童，应根据机构的 IgG 替代指南（即 IgG 水平≥500mg/dl）进行免疫球蛋白替代治疗（Hayden 等，2021）。

对于 1—2 岁的患儿，以下指导原则适用于相应的问题。

1. 保持凝视，偏爱于父母，会注视说话者。

2. 伸手触摸和操作物体，尝试改变姿势，若能移动则会尝试站立。

3. 偏爱于父母，与主要照顾者分开时会感到不安。可被熟悉的物品（如毯子或玩具）安抚。

4. 使用单个单词或手势。

表 40-1 使用 CAPD 对＜12 岁儿童脑病进行评估

根据与儿童在观察周期的互动回答以下问题	评估（分）				
	从不（4）	很少（3）	有时（2）	经常（1）	总是（0）
1. 儿童是否与护理人员进行眼神交流					
2. 儿童的行为是否有目的性					
3. 儿童是否对周围环境有意识					
4. 儿童是否传达需求和愿望					
	从不（0）	很少（1）	有时（2）	经常（3）	总是（4）
5. 儿童是否不安					
6. 儿童是否无法安抚					
7. 儿童是否活动减少，清醒时几乎没有动作					
8. 儿童是否需要很长时间才能对互动做出反应					

经许可转载，引自 Traube et al.2021

5. 平静状态无法持续。
6. 不能通过常规的安慰行为来安抚（如唱歌、抱着、交谈和阅读）。
7. 几乎不玩闹，会努力坐起、站立，若能移动则会爬行或走动。
8. 不遵循简单的指令。若能言语，不参与简单的对话或不发出声音和音节。

关键点

- 护理教育策略应认识到各个护理角色在 CAR-T 患者路径中不同阶段的重要性，根据这些护理角色不同的教育需求和培训需求进行规划。
- 治疗方案可能不会始终按预期开展，患者可能会经历突发的和显著的变化。
- 细胞采集术类似于供体淋巴细胞或单核细胞采集程序，但由于淋巴细胞计数低、身体状况差或症状负担重，可能更具挑战性。
- CAR-T 细胞产品的解冻和输注需要进行专门培训。
- CAR-T 输注后的两种最常见毒性是细胞因子释放综合征和免疫效应细胞相关神经毒性综合征，护士需进行密切的症状监测。
- 护士必须接受 CRS 和 ICANS 评估工具的使用培训、地方升级协议和治疗策略的培训。
- 针对儿童患者，需要有特定考虑，相关护士必须进行相应的培训。

参考文献

[1] Del Fante C, Seghatchian J, Perotti C. Reflections on methodical approaches to hematopoietic stem cell collection in children. Transfus Apher Sci. 2018;57(3):425-7. https://doi.org/10.1016/j. transci.2018.05.005.
[2] Hayden PJ, Roddie C, Bader P, Basak GW, Bonig H, Bonini C, et al. Management of adults and children receiving CAR T-cell therapy: 2021 best practice recommendations of the European Society for Blood and Marrow Transplantation (EBMT) and the Joint Accreditation Committee of ISCT and EBMT (JACIE) and the European Haematology Association (EHA). Ann Oncol. 2021;S0923-7534(21):04876-6. https://doi.org/10.1016/j.annonc.2021.12.003. Online ahead of print.
[3] Lee DW, Santomasso BD, Locke FL, Ghobadi A, Turtle CJ, Brudno JN, et al. ASTCT consensus grading for cytokine release syndrome and neurologic toxicity associated with immune effector cells. Biol Blood Marrow Transplant. 2019;25(4):625-38. https://doi.org/10.1016/j. bbmt.2018.12.758.
[4] Mahadeo KM, Khazal SJ, Abdel-Azim H, Fitzgerald JC, Taraseviciute A, Bollard CM, et al. Management guidelines for paediatric patients receiving chimeric antigen receptor T cell therapy. Nat Rev Clin Oncol. 2019;16(1):45-63.
[5] Schmidts A, Wehrli M, Maus MV. Toward better understanding and management of CAR-T cell-associated toxicity. Annu Rev Med. 2021;72:365-82.
[6] Tam C, Waller E, Jaeger U, Pacaud L, Ma Q, Maziarz R. Prolonged improvement in patient reported quality of life (QoL) following tisagenlecleucel infusion in adult patients (pts) with relapsed/refractory (r/r) diffuse large B-cell lymphoma (DLBCL): 19-month follow-up (FU) of the Juliet study. BBMT. 2019;25(3):181-2.
[7] Traube C, Gerber LM, Mauer EA, Small K, Broglie L, Chopra YR, et al. Delirium in children undergoing hematopoietic cell transplantation: a multi-institutional point prevalence study. Front Oncol. 2021;11:627726.

第 41 章　药师在 CAR-T 细胞疗法中的角色

Role of Pharmacists

吕永宁　**译**　　刘　林　**审**

药师在 CAR-T 疗法的管理中发挥着至关重要的作用。药剂师的职责包括遴选、采购、接收、储存、制备及分发用于 CAR-T 疗法输注的产品（Black，2018；Moreno-Martínez 等，2020；Booth 等，2020）。药师需要接受特定的培训，以确保与参与这些疗法管理的多学科团队中的所有专业人员协调合作（表 41-1）。

药师还需要了解现有和即将可以获得的 CAR-T 细胞类型。CAR-T 细胞疗法目前适用于治疗表达 CD-19 抗原的两种血液疾病：B 细胞急性淋巴细胞白血病和弥漫性大 B 细胞淋巴瘤。然而，潜在的靶向抗原种类繁多。因此，药师应接受培训，以适应未来的新发展。例如，针对多发性骨髓瘤的 CAR-T 细胞疗法，靶向 BCMA，已进入临床研究的高级阶段。CAR-T 细胞疗法仅仅是个开始，CAR 技术正被应用于其他免疫细胞。

- CAR 天然杀伤细胞（NK 细胞）：CAR-NK。
- CAR 巨噬细胞（M 细胞）：CAR-M。

最后，CAR-T 细胞可能对实体肿瘤有效，对于胶质母细胞瘤和神经母细胞瘤患者，通过将细胞直接注射到病灶部位，可解决结合到抗原这一关键问题。

这些疗法的复杂性要求药师参与其中，其培训必须包括先进生物技术程序的实施和管理。因此，药师不仅需要具备经典化疗药物和单克隆抗体的制备技能，还需掌握新型疗法的处理、储存和管理方法，以及相关特定医疗设备的操作技能。

药师的一个重要作用是患者的随访，目的是监测毒性、不良事件及联用和

表 41-1　药师的职责

药师专门培训
选择和适应证
- 审核和批准加入医院药品目录
- 患者入选标准
采购
- 了解每种药物的采购程序
接收
- 检查产品的完整性、标签和温度合规性
- 检查合格证书
储存和处理
- 管理超低温储存的产品
- 温度偏差的应急计划
分发
- 验证并协调淋巴结清除性化疗药品分发日期与计划的输注时间
- 确保全流程提供正确的细胞产品
- 检查解冻程序，记录所有程序的日期和时间
使用
- 确认待用的托珠单抗使用程序和剂量
随访
- 可以联用的药物和禁止联用的药物
- 毒性的监测和管理
- 确保适当治疗方案的可及性
患者和员工教育

禁止联用的药物。细胞因子释放综合征是一个极其严重的事件，必须由多学科团队共同监测，其中药师负责救治药物的管理和药物警戒研究。

关键点

- 药师需要接受关于 CAR-T 疗法的专门培训，确保与多学科团队中的所有专业人员进行协调合作。
- 药师必须了解当前可用的 CAR 类型及即将推出的类型。
- 需要掌握新的技能来处理和储存各类 CAR，并进行患者随访。

参考文献

[1] Black A. Pharmacy institutional readiness for marketed CAR-T therapy: checklists for pharmacy services. Version 3.0. Specialist Pharmacy Service; 2018. Available at: https://www.sps.nhs.uk/wp-content/uploads/2018/10/FINAL-Pharmacy-Institutional-Readiness-for-Marketed-CAR-TDec-2018. pdf.

[2] Booth JP, Kusoski CL, Kennerly-Shah JM. The pharmacist's role in chimeric antigen receptor T cell therapy. J Oncol Pharm Pract. 2020;26(7):1725-31.

[3] Moreno-Martínez ME, Vinent-Genestar J, Muñoz-Sánchez C, Carreras-Soler MJ. Hospital pharmacist's roles and responsibilities with CAR-T medicines. Farm Hosp. 2020;44(1):26-31.

第 42 章　细胞处理设施人员的教育需求

Educational Needs for Cell Processing Facility Personnel

赵翔宇 **译**　　李　萍 **审**

在站点认证 / 认证后，赞助商会系统地提供关于先进疗法药物流程和程序的培训。确保细胞产品的可追溯性和身份识别，身份链（chain of identity，COI）和监管链（chain of custody，COC）是最关键的内容；对于商业 ATMP，COI 和 COC 通常通过专用的安全网络平台进行管理。

在自体细胞治疗环境中，细胞处理人员参与了 ATMP 的绝大多数现场阶段，从采集到给药：所有参与者之间的信息流必须得到充分建立，以确保信息的及时传递。

细胞处理人员的关键培训包括以下步骤。

- 采集前：接收空的运输容器（如果采集在冷冻保存后运输）和材料。
- 采集后：检查产品标签、取样、冷冻保存和（或）包装以便将新鲜或冷冻的采集样本运输到生产地点。后续步骤的责任可能由医院药房与细胞处理中心共同承担，具体取决于当地法规。
- 生产完成后及淋巴清除开始前：接收运输容器，确认运输温度的符合性、冷冻袋的完整性，并将冷冻产品转移到现场储存。
- 输注当天：将袋子运输到解冻地点、临床病房（如果在床边输注）或细胞治疗中心（推荐，如果在输注地点附近）（解冻的 ATMP 需要尽快输注）。

冷冻袋的处理和解冻需要专业技能，尽可能由经验丰富的细胞处理人员执行：这也有助于减少对缺乏经验的员工的培训需求，特别是涉及液氮暴露、缺氧或处理袋意外故障的风险。

培训中的许多挑战之一是习惯于每一步 ATMP 流程中涉及的数量和种类的表单。因此，赞助商组织的模拟（培训）演练对于员工培训至关重要。

关键点

- COC 对确保在供应链的多个步骤和利益相关者之间的可追溯性至关重要。
- 各方之间的信息流动必须明确规定。
- 冷冻袋的处理和解冻应由经验丰富的细胞处理人员进行。

第 43 章　GoCART

GoCART

赵翔宇　**译**　　李　萍　**审**

由造血来源细胞制成的细胞治疗，如 CAR-T 细胞疗法，为患有血液系统疾病的患者提供了革命性的治疗。然而，在这一迅速发展的领域中实施这些疗法仍面临许多挑战。这些挑战包括但不限于这些活药物的供应链复杂性、管理不良反应的难度，要求中心获得资格认证及医疗专业人员的额外和持续教育；治疗目标为治愈患者的长期跟踪；欧盟和地方层面的各种法规要求；预算有限的机构对治疗费用的报销。

细胞治疗领域的挑战需要跨利益相关者的协作，包括患者代表、医疗专业人员、制药公司、卫生部门、健康技术评估机构、报销机构及欧洲和国家级的医学组织。因此，欧洲血液和骨髓移植学会和欧洲血液学会发起了 GoCART 联盟，这是一个多利益相关者的倡议，旨在通过在临床数据、护理标准、教育和政策方面的多方协作，促进患者对新型造血来源细胞和组织制成的细胞治疗的获得，并通过创新来促进健康和福祉。

GoCART 联盟的目标包括以下方面。

- 改善患者的健康结局。
- 吸引利益相关者，建立在细胞治疗领域可持续的欧洲联盟。
- 合作和共享数据和知识，以避免重复工作并最大化资源。
- 促进数据收集、教育、护理标准、监管审批和报销过程的协调。
- 建立支持监管决策和共享研究目标的市场前后注册系统。
- 为患者和医疗专业人员开发细胞治疗教育和信息项目。
- 协调护理标准和中心资格认证。
- 推进促进共享使命和愿景的政策。

该联盟对所有利益相关者开放，欢迎机构和个人成员参与实施联盟使命、愿景和目标的工作组。工作组负责人向一个具有平衡利益相关者代表的执行委员会负责，执行委员会作为主要决策机构，确定联盟的整体战略。

以下是创建的内容工作包。

1. 数据协调

（1）背景：在欧洲，接受基因和细胞治疗的患者的临床数据被报告到多个登记库，每个登记库都为特定目的而建立，具有不同的治理规则和特定的软件工具来管理数据。这导致数据孤岛、效率低下和重复工作。

（2）总体目标：创建一个集中化的欧盟数据注册系统，以协调收集关于接受细胞治疗患者的临床数据，支持协作研究和监管决策。

2. 护理标准

（1）背景：基因和细胞治疗本质上是复杂的产品，治疗管理仅限于合格的中心。随着产品快速发展和待批产品的增加，急需制订治疗指南，并在制药公司、认证机构和国家要求之间协调中心资格认证程序。

（2）总体目标：①为医疗专业人员制订协调一致的患者和产品管理指南；②通过制订和实施共识驱动的要求和资格标准，减少检查负担和冗余，规范提供基因和细胞治疗的临床团队的要求。

3. 健康技术评估过程

（1）背景：健康技术评估机构和报销机构需要基于最佳可用的疗效和影响数据做出决策。对于基因和细胞治疗，这尤其具有挑战性，因为授权可能基于小规模的患者群体、缺乏长期随访和对比数据、产品的高成本及即将到来的治疗数量增加。虽然国家层面的健康技术评估和报销程序差异很大，但对可靠的安全性和有效性数据有普遍需求。

（2）总体目标：利用基因和细胞疗法的中央注册系统作为健康技术评估的合适数据源。

4. 教育

（1）背景：基因和细胞治疗是复杂的产品，需要对医疗专业人员、患者和照顾者进行全面且持续的培训。大量的培训课程已经由药品持有者及健康组织提供，这可能导致重叠。

（2）总体目标：为不同的医疗专业人员和患者开发协调一致的教育项目。

5. 政策与倡导

（1）背景：基因和细胞治疗受到欧盟和国家法规的影响，这些法规涉及其准备、管理和患者获得。这些新疗法挑战了这些原本为传统药品设计的法规，卫生当局正在评估如何适应这些变化。

（2）总体目标：代表和推广 GoCART 联盟及其利益相关者的利益，通过与欧盟机构和其他相关利益相关者的互动，推动欧盟政策制定。

6. 科学卓越

（1）背景：近年来对基因和细胞治疗的科学研究显著增加。随着真实世界数据的日益可用，许多科学问题可以从不同角度进行探索。只有通过共同努力，我们才能利用足够的数据进行有意义的研究。GoCART 希望最大化使用中央登记库中收集的数据及其他利益相关者可用的数据，并促进利益相关者之间的进一步合作。在严格保护机密性的同时，指导原则应是“收集一次，频繁使用”，以推动我们在基因和细胞治疗领域的知识进步，支持更好的决策，并提高所有利益相关者的效率。

（2）总体目标：促进利益相关者之间的科学讨论，促进联合研究项目的建立，并避免科学工作的重复。

关键点

- GoCART 细胞联盟是一个多方利益相关者的倡议，致力于血液系统疾病的细胞疗法。
- 利益相关者包括患者代表、医疗专业人员、制药公司、卫生部门、HTA 机构和报销机构，以及欧洲和国家级的医学组织。
- 该联盟的使命是促进患者获得由造血来源细胞和组织制造的新型细胞治疗，并通过多方协作在临床数据、护理标准、教育和政策方面推动健康和福祉的创新。
- GoCART 联盟旨在通过在以下工作包中组织的活动来实现其使命：①数据协调；②护理标准；③ HTA ；④教育；⑤政策和倡导；⑥科学卓越。

第 44 章　患者转诊

Patient Referral

周　辉　**译**　　贺鹏程　**审**

早期、有效的患者转诊是潜在提高患者接受 CAR-T 细胞治疗的关键步骤。尽管在有资质的中心，适应证、患者教育、监管和报销等方面有所改善，同时也满足了医疗团队各成员的教育需求，但患者转诊时血液学专家和肿瘤学专家开具 CAR-T 疗法处方仍然面临难以应用的难题。这些难题包括繁琐的物流、高昂的费用和细胞治疗的毒性，以及患者在 CAR-T 细胞治疗前的病情恶化和等待 CAR-T 制备期间要行桥接化疗等临床挑战（Chavarría，2021）。

转诊路径在不同国家和地区可能有所不同，但通常情况下，患者会根据特定路径转诊至区域的 CAR-T 多学科专家团队。这些多学科团队可能还需与国家委员会联系，以获得额外的临床支持和（或）资金支持。这些专家 MDT 将根据制造商的许可证、患者的诊断、年龄、身体状况、疾病及治疗阶段确认患者的适应证。之后，CAR-T 中心将安排直接评估患者（及其照护者），并提供详细信息，帮助患者了解治疗的潜在好处、风险和并发症，并进行知情同意。

无论治疗地点如何，临床医生必须在早期阶段考虑患者是否适合 CAR-T 细胞疗法，以便在选择最佳治疗方式时做出战略性决策。是否为 CAR-T 细胞疗法的适宜人群应直接确认，包括年龄、身体状况、疾病和治疗阶段等。此外，转诊医生应尽早告知患者 CAR-T 细胞治疗的疗效和风险，特别是在距离较远的其他中心进行治疗时（Gajra 等，2020）。除了与治疗中心确认适应证和物流安排外，迅速转诊和良好的沟通也是必要的，以制订桥接 CAR-T 疗法的挽救治疗方案。这尤其重要，因为在白细胞分离前可能需要明确恢复时间，并且随着化疗暴露的增加，循环 T 细胞的质量可能会下降。有时，没有高肿瘤负荷和有足够循环 T 细胞的患者（例如，外周血总淋巴细胞计数＞0.5×10^9/L 或外周血 $CD3^+$T 细胞计数＞150/μl）可能在开始挽救治疗前进行 CAR-T 细胞的白细胞采集。对于其他患者，可能需要与 CAR-T 细胞治疗中心制订桥接治疗。应避免可能显著影响淋巴细胞数量和（或）T 细胞功能的治疗，以确保进行 CAR-T 细胞治疗的白细胞采集成功。因此，需要对患者进行仔细的安排和优先级排序，包括规划白细胞采集，特别是考虑到 CAR-T 的制造可能需要超过 1 个月。最后，CAR-T 中心需要进行后续护理阶段的计划，而共享护理将有助于患者回家后的持续护理（Maus 和 Levine，1996）。

关键点

- 患者从基层医院到 CAR-T 细胞治疗中心的及时转诊有助于各方面的规划。
- 在 CAR-T 细胞治疗和管理的过程中也将为其他新药的管理和患者转诊提供信息和支持。

参考文献

[1] Chavarría T. Real-world regulatory issues in the implementation of advanced therapies. Multistakeholder forum at 47th EBMT annual meeting. 2021. Available at www.ebmt.org.
[2] Gajra A, Jeune-Smith Y, Kish J, Yeh T-C, Hime S, Feinberg B. Perceptions of community hematologists/oncologists on barriers to chimeric antigen receptor T-cell therapy for the treatment of diffuse large B-cell lymphoma. Immunotherapy. 2020;12(10):725-32. https://doi.org/10.2217/imt-2020-0118.
[3] Maus MV, Levine BL. Chimeric antigen receptor T-cell therapy for the community oncologist. Oncologist. 1996;21:608-17. https://doi.org/10.1634/theoncologist.2015-0421.

第 45 章　治疗覆盖和报销

Treatment Coverage and Reimbursement

周　辉　**译**　　贺鹏程　**审**

CAR-T 细胞疗法的报销条件在欧洲并不统一。大多数欧洲国家使用疾病相关组（Diagnosis Related Groups，DRG）系统来计费医疗服务，但具体细节有所不同。然而，共同之处是像 CAR-T 细胞治疗这样昂贵的治疗方法，最初通常不包含在 DRG 系统中。大多数国家拥有这些昂贵疗法报销的途径，通过 DRG 系统之外的单独支付来解决这些问题。这些 DRG 系统的报销在大多数国家被用于创新和新疗法的短期报销，以及作为 DRG 系统中的长期附加费用。由于各国的规定不同，医院需要在确定 CAR-T 细胞治疗之前了解所在国家的具体要求。

除了与制药公司商定 CAR-T 细胞产品价格外，还需要考虑其他重大的成本。除了常规的住院费用，CAR-T 细胞治疗的住院费还可能包括重症监护和昂贵药物（如托珠单抗）的费用。这些额外费用通常会通过各国的既定系统进行报销。然而，将新疗法或创新方法的费用整合进现有 DRG 系统通常需要至少 2 年时间。

CAR-T 细胞疗法的特殊之处在于，医院需要通过采集淋巴细胞后进行初步产品的生产，这个单采过程的费用通常不予报销。

实施这种新疗法在医院中需要不小的投入。除了对员工进行新疗法的培训外，还要求医院在质量管理上满足制药行业和政府的高标准。这些结构性费用（主要是人工成本）必须根据国家不同的报销系统与健康保险公司或政府单独商议。

单个医院对 CAR-T 细胞产品的定价影响较小，通常由制药公司与政府机构之间的谈判决定。

除了按谈判确定的价格报销 CAR-T 细胞产品外，这种创新疗法的附加费用在德国是以不同的方式报销。目前正在努力集中进行这些谈判，但集中谈判的成功取决于德国众多健康保险公司的结构和组织。

在德国，具体医院负责每位患者的费用报销。在极高费用的情况下，健康保险公司和医院通常会达成高级协议。

在启动 CAR-T 细胞疗法之前，每个医生或医院应了解各国的不同规定，以避免未能报销这种昂贵的疗法。

关键点

- 各国的规定不同。
- 除了 CAR-T 细胞产品的费用，还存在额外成本。

第 46 章　CAR-T 细胞治疗在癌症中的价值

The Value of CAR-T-cell Immunotherapy in Cancer

杨　婷　**译**　　王　黎　**审**

基因工程 CAR-T 细胞的发展，通过赋予肿瘤抗原识别能力，极大地改善了癌症治疗，并为血液系统恶性肿瘤提供了更多的治疗选择（Elsallab 等，2020b）。然而，与患者可以轻松获得的常规药物不同，CAR-T 细胞疗法在常规临床实践中的应用面临重大挑战。目前，CAR-T 细胞产品的获取仅限于满足制造商和监管机构要求的特定认证中心。此外，还存在关于保险覆盖、报销、负担能力和定价的问题，这些问题对扩大患者获得这些新型疗法的机会产生了重要影响（Abou-El-Enein 等，2016a，2016b）。目前，FDA 批准的五种 CAR-T 细胞疗法的单次输注定价范围为 37.3 万～47.5 万美元（包括：Tisagenlecleucel，Kymriah®；Axicabtagene ciloleucel，Yescarta®；Brexucabtagene autoleucel，Tecartus®；Lisocabtagene maraleucel，Breyanzi®；Idecabtagene vicleucel，Abecma®）。除了 CAR-T 细胞产品的成本外，患者的准备工作［白细胞分离和（或）淋巴细胞清除］、产品输注、输注前后的患者管理及不良反应监测等也会显著增加最终费用（Wagner 等，2021）。人们呼吁重新构建现有的支付和报销模式，以便更好地让患者获得 CAR-T 细胞疗法（Abou-El Enein 等，2014）。然而，这只有在评估产品开发过程中产生可靠性的临床证据之后（Abou-El Enein 和 Hey，2019；Elsallab 等，2020a），以及最重要的是，确定 CAR-T 细胞疗法的价值后才能实现。

疗效并不意味着价值。每花费 1 美元的质量调整生命年（quality-adjusted life years，QALY）是一个广泛接受的成本效益衡量标准，用于评估疗法的价值。QALY 能够评估某种疗法对患者整个生命周期（生命数量）和与健康相关生活质量（health-related quality of life，HRQoL）的影响，是反映治疗结果的一个主要参数（Whitehead 和 Ali，2010）。作为死亡率和发病率的综合估计，QALY 通常通过累积特定健康状态相关的效用值来计算。患者在特定疾病状态下的偏好征询研究，如临床试验中的研究，或在一般人群中的研究，作为推导这种效用值的基础（Prieto 和 Sacristán，2003；Whitehead 和 Ali，2010；Sanders 等，2016；Fiorenza 等，2020）。

已采用多种模型来评估 CAR-T 细胞疗法的成本效益。关于 Kymriah® 和 Yescarta®，Lin 等使用了一种决策分析 Markov 模型，基于美国医保支付者的视角，并结合多中心单臂试验的数据，研究了复发 / 难治性成人大 B 细胞淋巴瘤患者的成本效益情况。通过在模型中纳入有关长期疗效的假设，将 CAR-T 细胞疗法与挽救性化疗和干细胞移植进行了比较。研究表明，在假设 5 年无进展生存率为 40% 的情况下，Yescarta® 能够将预期寿命延长 8.2 年，并且每获得 1 个 QALY 的费用为 129 000 美元（95%CI 90 000～219 000 美元）。Kymriah® 则在假设 5 年 PFS 为 35% 的情况下，寿命预期延长 4.6 年，每获得 1 个 QALY 的费用为 168 000 美元（95%CI 105 000～414 000 美元）（Lin 等，2019）。该研究指出，如果将 Yescarta® 和 Kymriah® 的标价分别降低到美国市场的 250 000 美元和 200 000 美元，或仅对初次完全缓解（在现有价格下）进行支付，那么即使在较为保守的 5 年 PFS 仅为 25% 的假设下，两个 CAR-T 细胞疗法 QALY 的费用也能低于 150 000 美元（Lin 等，2019）。

Sarkar 等针对复发 / 难治性 B 细胞急性淋巴细胞白血病儿童，建立了一个微模拟模型评估增量成本效益比（incremental cost-effectiveness ratio，ICER）（Sanders 等，2016），将 CAR-T 细胞疗法与常规治疗进行了比较，认为 ICER QALY 低于 100 000 美元为具有成本效益（Sanders 等，2019）。在假设 1 年生存率为 76% 的情况下，总费用增加了 528 000 美元，同时疗效提高了 8.18 个 QALY，导致 ICER QALY 为 64 600 美元。然而，如果将假设 1 年生存率为 57.8%，CAR-T 细胞疗法在儿童 B-ALL 患者中则不再具备成本效益。尽管概率敏感性分析显示，在 QALY 支付意愿为 10 万美元（Sanders 等，2019）的水平上，CAR-T 细胞疗法在大约 95% 的场景下中仍具有成本效益。但对于两种模型长期疗效的假设验证，仍需要通过具有更长随访期的真实世界数据进行确认，以确保研究结果的稳健性。

在评估 CAR-T 细胞免疫疗法的价值时，除了其直接的经济和临床效益外，还应考虑 CAR-T 细胞治疗带来的长期社会价值。为儿童癌症患者提供治愈机会，将使他们能够过上更富有生产力的生活（Fiorenza 等，2020）。此外，在专利申请（Jürgens 和 Clarke，2019）、监管和临床（Elsallab 等，2020b）方面取得的成功将提升公众的认可度、财务支持，并推动整个细胞疗法领域的进展。一项近期的研究应用经济框架来衡量 CAR-T 细胞疗法的社会价值，该价值由消费者剩余和制造公司利润的总和构成（Thornton Snider 等，2019）。消费者剩余反映了治疗所带来健康收益的附加值与其增量成本之间的差异，同时也考虑了间接成本和患者受益。研究结果表明，CAR-T 细胞疗法在儿童急性淋巴细胞白血病和弥漫性大 B 细胞淋巴瘤患者中的社会价值分别达到 65 亿美元和 348 亿美元，并且治疗每名 B-ALL 儿童的净社会价值增益为 952 991 美元，即便包括了生产和治疗成本。然而，研究还表明治疗延迟对 CAR-T 细胞疗法所带来的社会价值有显著负面影响，治疗延迟 1 个月、2 个月或 6 个月，分别会导致儿童 ALL 患者的社会价值损失 9.8%、36.2% 和 67.3%，而 DLBCL 患者则分别为 4.2%、11.5% 和 46.0%（Thornton Snider 等，2019）。因此，患者能够及时获得治疗是决定价值水平的关键因素。优化 CAR-T 细胞疗法价值的其他关键参数包括提高治疗反应率、减低复发风险及减少毒性管理成本（Fiorenza 等，2020）。

尽管 CAR-T 细胞疗法无疑正在改变癌症患者的治疗格局，但仍需解决重大经济挑战，以便让更多患者公平地获得这些新疗法。由于大多数成本效益模型对假设敏感，因此需要更长的随访期，以更好地评估 CAR-T 细胞疗法相对于其他治疗方法的价值。

关键点

- CAR-T 细胞已经成为许多癌症患者的重要治疗方法；然而，关于保险覆盖、报销、负担能力和定价的问题影响了患者获得这些新疗法的机会。
- 短期临床数据已显示 CAR-T 细胞有潜力成为癌症患者的成本效益治疗方法，但要实现这一目标，仍需要获得长期临床结果。
- 这种新型治疗方法的价值还应该从癌症患者恢复正常和富有生产力的生活方式的社会效益角度进行评估。然而，这些收益受到治疗延迟的显著影响。

参考文献

[1] Abou-El-Enein M, Hey SP. Cell and gene therapy trials: are we facing an "evidence crisis"? EClinicalMedicine. 2019;7:13-4. https://doi.org/10.1016/j.eclinm.2019.01.015.

[2] Abou-El-Enein M, Bauer G, Reinke P. The business case for cell and gene therapies. Nat Biotechnol. 2014;32(12):1192-3. https://doi.org/10.1038/nbt.3084.

[3] Abou-El-Enein M, Elsanhoury A, Reinke P. Overcoming challenges facing advanced therapies in the EU market. Cell Stem Cell. 2016a;12:293-7. https://doi.org/10.1016/j.stem.2016.08.012.

[4] Abou-El-Enein M, et al. Putting a price tag on novel autologous cellular therapies. Cytotherapy. 2016b;18(8):1056-61. https://doi.org/10.1016/j.jcyt.2016.05.005.

[5] Elsallab M, Bravery CA, et al. Mitigating deficiencies in evidence during regulatory assessments of advanced therapies: a comparative study with other biologicals. Mol Ther. 2020a;18:269-79. https://doi.org/10.1016/j.omtm.2020.05.035.

[6] Elsallab M, Levine BL, et al. CAR-T-cell product performance in haematological malignancies before and after marketing authorisation. In: The lancet oncology. Amsterdam: Elsevier; 2020b. p. 104-16. https://doi.org/10.1016/S1470-2045(19)30729-6.

[7] Fiorenza S, et al. Value and affordability of CAR-T-cell therapy in the United States. Bone Marrow Transplant. 2020;55(9):1706-15. https://doi.org/10.1038/s41409-020-0956-8.

[8] Jürgens B, Clarke NS. Evolution of CAR-T -cell immunotherapy in terms of patenting activity. Nat Biotechnol. 2019;37(4):370-5. https://doi.org/10.1038/s41587-019-0083-5.

[9] Lin JK, et al. Cost effectiveness of chimeric antigen receptor T-Cell therapy in multiply relapsed or refractory adult large B-cell lymphoma. J Clin Oncol. 2019;37(24):2105-19. https://doi. org/10.1200/JCO.18.02079.

[10] Prieto L, Sacristán JA. Problems and solutions in calculating quality-adjusted life years (QALYs). Health Qual Life Outcomes. 2003;1:80. https://doi.org/10.1186/1477-7525-1-80.

[11] Sanders GD, et al. Recommendations for conduct, methodological practices, and reporting of cost-effectiveness analyses. JAMA. 2016;316(10):1093. https://doi.org/10.1001/jama.2016.12195.

[12] Sarkar RR, et al. Cost-effectiveness of chimeric antigen receptor T-cell therapy in pediatric relapsed/refractory B-cell acute lymphoblastic leukemia. J Natl Cancer Inst. 2019;111(7):719-26. https://doi.org/10.1093/jnci/djy193.

[13] Thornton Snider J, et al. The potential impact of CAR-T-cell treatment delays on society. Am J Manag Care. 2019;25(8):379-86.

[14] Wagner DL, et al. Immunogenicity of CAR-T cells in cancer therapy. Nat Rev Clin Oncol. 2021. https://doi.org/10.1038/s41571-021-00476-2.

[15] Whitehead SJ, Ali S. Health outcomes in economic evaluation: the QALY and utilities. Br Med Bull. 2010;96(1):5-21. https://doi.org/10.1093/bmb/ldq033.

第 47 章　患者想要什么：患者报告结果的重要性

What do Patients Want? The Importance of Patient-reported Outcomes

贺鹏程　**译**　　周　辉　**审**

接受 CAR-T 细胞治疗对患者来说究竟意味着什么，目前我们尚未有充分的理解。这主要是由于专注于患者生存质量（quality of life，QoL）的研究数量较少、受试者选择偏倚、因疾病复发导致的高失访风险及随访时间有限所导致的。CAR-T 细胞治疗通常是处于疾病晚期的患者最后的治疗选择，其主要目标是延长生存期，以及希望能够消除疾病。然而，理解“健康”的其他方面，如功能状态、认知功能、心理社会问题及其他相关的生活质量问题，对于全面评估这种疗法在个体和社会层面的影响至关重要。

这类信息只能直接从患者和他们的照护者那里了解，而不经过第三方的筛选。我们可以使用患者自报的结果评估工具和（或）定性研究方法，如访谈或小组讨论来直接收集这些信息。这种方法在细胞治疗领域得到了一定的支持，但相关的证据仍不充分（Chakraborty 等，2019；Shalabi 等，2021）。

关于细胞治疗的不良反应，如细胞因子释放综合征、神经毒性和 B 细胞再生障碍等，已经有很多文献进行了详细报道。需要指出的是，很多患者还提到了其他一些影响他们身心健康的问题，这些问题也需要医疗团队给予适当的关注和支持（Bamigbola 等，2021）。

Hoogland 等最近的研究显示，在接受 CAR-T 细胞治疗的成人患者中，超过一半的患者在治疗后的 100 天内出现了中 – 重度的疲劳（84%）、食欲减退（73%）、口干（61%）和失眠（55%），并且症状在治疗后约 2 周达到高峰（Hoogland

等，2021）。与基线相比，患者的身体功能显著改善，疼痛、疲劳和抑郁症状有所减少，但焦虑症状却有所增加（Hoogland 等，2021）。在最长达 1 年的治疗后随访中，约 1/3 的患者报告持续的中 – 重度的疲劳和失眠，约 20% 的患者出现了记忆力下降（Barata 等，2021）。相比之下，在接受 CAR-T 细胞治疗的急性白血病儿童和青少年（3—21 岁）中，治疗后 3 个月起，各个方面的 QoL 都相较于基线有了显著的持续改善（Laetsch 等，2019）。

心理健康问题是长期存在的，在治疗后存活了 1～5 年的患者中，高达 20% 的患者报告了具有临床意义的抑郁或焦虑，超过 1/3 的患者经历了认知困难（Ruark 等，2020）。Maziarz 等还发现，治疗后 18 个月内患者所有其他方面的生活质量都有显著改善，唯有心理健康是例外（Maziarz 等，2020）。值得注意的是，目前尚未发现 CRS 或免疫效应细胞相关神经毒性综合征的严重程度与长期生活质量之间有显著的相关性。

我们对 CAR-T 细胞治疗后患者最关心的事和需求了解得还不够多，但现有的研究文献已经强调了充分获取信息的重要性。Matthews 等通过对患者的访谈发现，绝大多数患者在接受 CAR-T 细胞治疗前并没有为治疗即将带来的情绪影响和毒性反应做好准备（Matthews 等，2019）。文中也提到，患者需要清晰地了解治疗过程，同时也要考虑到经济负担，以及家庭成员和其他照护者在治疗中的重要作用（Foster 等，2020）。

未来的研究需要更深入地探索 CAR-T 细胞治疗后患者的生存体验，从而发现患者最关心的是什么，包括已经发生在现有治疗后患者中的问题，如对非正式照护者的影响、重返学校 / 工作、经济问题及获取照护服务的途径等（Burns 等，2018）。在大规模患者群体中进行长期随访尤为重要，这可以帮助我们找到预测治疗后生活质量的因素，尤其是在心理健康和认知功能方面，从而使接受 CAR-T 细胞治疗的患者能够获得更全面的信息和支持。

关键点

- 在 CAR-T 细胞治疗 3 个月后，患者的症状开始逐渐缓解。
- 对于治疗后长期生存的患者，他们的心理健康和认知功能仍需要重点关注。
- 目前尚无证据表明 CRS 或 ICANS 与患者的长期生活质量之间存在关联。
- 我们迫切需要评估接受 CAR-T 细胞治疗的患者最关心的事、他们的期望和需求是什么。

参考文献

[1] Bamigbola O, Dren N, Warwick L. Cross-sectional study of the side-effects profile and patient-doctor communication about side effects in patients with lymphoma treated with CAR-T therapy. Poster presented at: 3rd European CAR-T -cell Meeting 2021, Virtual, 2021.

[2] Barata A, Hoogland AI, Hyland K, Kommalapati A, Irizarry-Arroyo N, Rodriguez Y, et al. Patient-reported toxicities in axicabtagene ciloleucel recipients: 1-year follow-up. Transplant Cell Ther. 2021;27(3):375.

[3] Burns LJ, Abbetti B, Arnold SD, Bender J, Doughtie S, El-Jawahiri A, et al. Engaging patients in setting a patient-centered outcomes research agenda in hematopoietic cell transplantation. Biol Blood Marrow Transplant. 2018;24(6):1111-8.

[4] Chakraborty R, Sidana S, Shah GL, Scordo M, Hamilton BK, Majhail NS. Patient-reported outcomes with chimeric antigen receptor T cell therapy: challenges and opportunities. Biol Blood Marrow Transplant. 2019;25(5):155-62.

[5] Foster M, Fergusson DA, Hawrysh T, Presseau J, Kekre N, Schwartz S, et al. Partnering with patients to get better outcomes with chimeric antigen receptor T-cell therapy: towards engagement of patients in early phase trials. Res Involve Engage. 2020;6:61.

[6] Hoogland AI, Jayani RV, Collier A, Irizarry-Arroyo N, Rodriguez Y, Jain MD, et al. Acute patient-reported outcomes in B-cell malignancies treated with axicabtagene ciloleucel. Cancer Med. 2021;10(6):1936-43.

[7] Laetsch TW, Myers GD, Baruchel A, Dietz AC, Pulsipher MA, Bittencourt H, et al. Patient-reported quality of life after tisagenlecleucel infusion in children and young adults with relapsed or refractory B-cell acute lymphoblastic leukaemia: a global, single-arm, phase 2 trial. Lancet. 2019;20(12):1710-8.

[8] Matthews A, Sidana S, Seymour L, Pick N, Pringnitz J, Argue D, et al. QIM19-136: developing an Ideal CAR-T cell therapy patient experience through human-centered design and innovation. J Natl Compr Cancer Netw. 2019;17:3-5.

[9] Maziarz RT, Waller EK, Jaeger U, Fleury I, McGuirk J, Holte H, et al. Patient-reported long-term quality of life after tisagenlecleucel in relapsed/refractory diffuse large B-cell lymphoma. Blood Adv. 2020;4(4):629-37.

[10] Ruark J, Mullane E, Cleary N, Cordeiro A, Bezerra ED, Wu V, et al. Patient-reported neuropsychiatric outcomes of long-term survivors after chimeric antigen receptor T cell therapy. Biol Blood Marrow Transplant. 2020;26(1):34-43.

[11] Shalabi H, Gust J, Taraseviciute A, Wolters PL, Leahy AB, Sandi C, et al. Beyond the storm-subacute toxicities and late effects in children receiving CAR-T cells. Clin Oncol. 2021;18(6):363-78.